SV

Auf Verkehrsinseln, in Parks oder am Wegesrand – ständig sind wir umgeben von Pflanzen. Die meisten sehen wir nicht, die anderen kennen wir nicht. Dabei entgeht uns, dass wir auch heute noch immer mitten in der Natur leben. Dieser Wegweiser öffnet den Blick für die urbane Botanik.

Noch vor dem Sehen aber kommt das Riechen: Duftet es nach grünen Mandarinen, befinden wir uns vermutlich im Vorfrühling in der Nähe einer Zaubernuss, bei würzig-nussigem Geruch ist welkendes Ahornlaub nicht fern, und der Duftende Schneeball im Dezember riecht nach Marzipan. Daneben gibt es aber noch viel mehr zu entdecken: von männlichen Amseln, die beim Anblick gelber Krokusfelder zu Berserkern werden, über die unheimliche Vorgeschichte der Haselnuss, Christian Diors Leidenschaft für Maiglöckchen, die Entdeckung der pflanzlichen Sexualität bis zur Frage, wieso die Tomate in der Alten Welt so zaghaft angenommen wurde.

Die Blüten der Stadt wartet auf mit 70 Pflanzenporträts und über 100 Fotografien, in denen die urvertrauten Gewächse in ihrer fremdartigen Schönheit erscheinen. Vor allem befreit uns dieser Wegweiser aus der ewigen »Was blüht denn da?«-Bredouille.

Paul-Philipp Hanske, geboren 1975, schreibt u. a. für *GEO* und das Magazin der *Süddeutschen Zeitung*. Zuletzt erschien von ihm im Suhrkamp Verlag: *Neues von der anderen Seite. Die Wiederentdeckung des Psychedelischen*. Hanske lebt in München.

Christian Werner, geboren 1977, lebt in Berlin und fotografiert für internationale Magazine wie *032c*, *Numéro* und *Sleek*. Zuletzt erschien von ihm der Bildband *Stillleben BRD*.

Paul-Philipp Hanske
Christian Werner

Die Blüten der Stadt

Ein Wegweiser durch die urbane Pflanzenwelt

Suhrkamp

Erste Auflage 2018
suhrkamp taschenbuch 4867
Originalausgabe

Suhrkamp Taschenbuch Verlag

Druck und Bindung: CPI – Ebner & Spiegel, Ulm
Umschlagabbildung:
Geißbart, fotografiert von Christian Werner
Art Direction: Alexis Zurflüh
Grafik: Federico Bardelli
Retouching: Martin Bilinovac
Printed in Germany
ISBN 978-3-518-46867-8

INHALT

WAS DIESES BUCH WILL

Natur ist heute sehr fern. Zwar gibt es unzählige Magazine mit »Land-« im Titel, das ändert aber nichts daran, dass Lebensmittel zur Unkenntlichkeit verarbeitet sind, Kinder mehr Marken am Logo als Bäume an ihren Blättern erkennen und Stechmücken die einzigen Wildtiere sind, die uns nahe kommen. Viele empfinden diese Naturferne als Zeichen des Niedergangs. Tatsächlich nicht zu leugnen sind die verheerenden ökologischen Auswirkungen unserer Zivilisation. Und doch steht der Mensch, so glauben wir, immer noch in einem existenziellen Verhältnis zur Natur. Er kann gar nicht anders. Das zeigt sich vor allem in seiner Verortung im Jahreskreis. Sobald er vor die Haustüre tritt, kann er wahrnehmen: die noch braune Wiese, aus der die ersten Krokusse brechen, die florale Fülle des Sommers, das nussig riechende Herbstlaub, die atypischen Spätblüher, die uns im Winter überraschen. Wir sind ständig umgeben von Blumen, Büschen und Bäumen, deren Wachsen und Welken, deren Brunst und Fäulnis uns rund ums Jahr vor die Augen treten und in die Nase steigen. Darum geht es in diesem Buch. Genauer: um die Pflanzen, die in der Stadt wachsen.

Auf den ersten Blick scheint der urbane Raum mit seinem Beton, seinem Lärm und seinem eingehegten Grün das Gegenteil von Natur zu sein. Dabei weisen Städte heute eine viel größere botanische Vielfalt auf als das von agrarischen Monokulturen geprägte Umland. Die Pflanzen, die in diesem Buch vorkommen, sind Allerweltsgewächse. Man muss sie weder auf entlegenen Almwiesen suchen noch mühsam anpflanzen. Man trifft sie zufällig an – in Beeten und am Wegesrand, in Gehölzen und auf Verkehrsinseln. Auch ist es egal, ob die Pflanzen in Mitteleuropa heimisch sind oder eingebürgert, ob sie kultiviert werden oder wild wachsen. Ihre Auswahl konnte dabei nur radikal subjektiv sein. Wir – ein Autor und ein Fotograf – beschrieben und fotografierten die Gewächse, auf die wir aufmerksam wurden. Die Pflanzen sind kalendarisch angeordnet, sie tauchen zu dem Zeitpunkt des Jahres auf, wenn sie am meisten auffallen. Oft tun sie das durch ihre Blüte, manchmal ist jedoch auch die Frucht spektakulärer, oder es gibt kulturelle Termine wie Feiertage, an denen sie eine Rolle spielen.

Diese Anlässe nutzen wir, um Pflanzen zu portraitieren. Auch wenn das Verhältnis des modernen Menschen zur Pflanzenwelt nach wie vor ein profundes ist, so ist es doch meist unbewusst. Man läuft durch eine Wolke schwülen Blütendufts, weiß aber nicht, was da um Aufmerksamkeit buhlt. Dieses Buch will das ändern, indem es die Pflanzen in ihrer manchmal lieblichen, manchmal bizarren Gestalt zeigt – und indem es ihre Geschichten erzählt. Dabei geht es um botanische Eigenschaften der Pflanzen, um ihre Herkunft, ihre kulturelle Bedeutung, ihre Kultivierung, um ihre Verwendung als Arznei- und Rauschmittel und um den Duft, mit dem sie uns umwehen. Und wenn auffallend oft kulinarische und sexuelle Aspekte anklingen, zeigt sich darin vor allem, wie eng die Pflanzenwelt mit dem verbunden ist, was dem menschlichen Leben zugrunde liegt: der Ernährung und der Sexualität. Vor allem aber geht es uns darum, Pflanzen als das zu zeigen, was sie bei näherem Hinsehen sind: sehr vertraute und zugleich doch unendlich fremde Protagonisten eines Spektakels, in dem sich nicht weniger spiegelt als die ganze Welt.

Paul-Philipp Hanske & Christian Werner

01

Januar

Mistel

Name: Viscum album, weiß-
beerige Mistel.

Saison: Die Mistel blüht ab Mitte Februar, die Früchte sind ab Dezember reif. Die Mistel kann so alt werden wie ihr Wirt. Es wurden über 400-jährige Exemplare beschrieben.

Im tiefsten Winter, wenn die Natur kahl und nackt ist, bemerkt man sie am ehesten: die kugelförmigen Gebilde, hoch oben in den Wipfeln von Bäumen. Man könnte sie für Vogelnester halten, aber es sind selbstständige Pflanzen: Misteln. Kaum ein zweites Gewächs ist derart belegt mit mythologischer Bedeutung wie dieser seltsame Halbschmarotzer, der Tannen, Kiefern, vor allem aber Laubholz wie Apfelbaum, Linde, Ahorn, Pappeln, Weiden und Birke befällt. Viele der Mythen, die sich um die Mistel ranken, haben mit dem Tod zu tun: In der *Edda* wird Baldur, der Gott des Lichts und der Gerechtigkeit, von einem Pfeil aus Mistelholz getötet. Daraufhin findet die Sommersonnenwende statt, die Tage werden kürzer, und es geht unweigerlich auf den Winter zu. Auch der goldene Stab, mit dem die griechische Göttin Persephone die Pforten der Unterwelt öffnet, ist aus Mistelholz.

Doch dann steht die Mistel auch für das genaue Gegenteil des Todes: Der Mistelzweig, unter dem man sich in England an Weihnachten küsst oder in Frankreich in der Silvesternacht Wünsche für das neue Jahr austauscht, verweist auf Neuanfang und im weitesten Sinne auf Zeugung. Bei den Kelten galt die Mistel als Fruchtbarkeitssymbol, und immer wieder wird der weiße, klebrige Schleim der Mistelbeere mit Sperma in Verbindung gebracht. Die Thematik – Leben und Tod – mag auch mit der aggressiven Ausbreitung der Mistel zu tun haben; vor allem aber mit ihrer atypischen, aus dem Jahresrhythmus so ganz und gar herausfallenden Anmutung. In scheinbar toten Winterbäumen ist der immergrüne Busch das blühende Leben selbst. Wenn ab Dezember die weißen Beeren reif sind, tummeln sich lautstark Vögel – Misteldrossel, Wacholderdrossel und Mönchsgrasmücke – in den kugeligen Nestern.

»Nichts bei dieser Pflanze ist normal«, urteilte der Pflanzenpathologe Carl von Tubeuf über die Mistel, und das fängt schon bei der Tatsache an, dass diese nicht in der Erde wurzelt, sondern im Holz anderer Bäume. Als Halbschmarotzer betreibt die Mistel selbst Photosynthese, zapft jedoch Wasser und Salze von der Wirtspflanze ab. Um an genügend Nahrung zu gelangen, hat die Mistel eine höhere Transpiration als ihr Wirt - relativ gesehen verbraucht sie mehr Wasser als dieser. Deswegen fühlen sich die dicken, wachsigen Mistelblätter auch immer etwas kühl und feucht an. Die Pflanze schwitzt ständig. Das bekommt man als Spaziergänger freilich nur mit, wenn ein Mistelwirt umgeweht oder, wie nun im Januar, bei Baumpflegearbeiten geschnitten wurde. Ebenso unbemerkt bleibt meist der Duft der winzig kleinen, gelben Blüten, die ab Mitte Februar aufgehen. Die Mistel ist diözisch, zweihäusig. Es gibt weibliche und - etwa ein Viertel der Population - männliche Pflanzen. Die männlichen Blüten verströmen einen intensiven, süßen Duft, der so gar nicht in nördliche Breiten zu passen scheint. Er erinnert an Maracuja und tropischen Überschwang. Gelockt werden damit nicht Bienen, sondern Fliegen.

Die Lieblichkeit des Blütenduftes darf aber nicht darüber hinwegtäuschen, dass die Mistel eine Krankheit für den Wirt ist. So drollig die Büschel in den Wipfeln aussehen, es sind Geschwüre, die an der Vitalität des Baums saugen. Schon die Infektion verläuft brutal. Der Samen in den Mistelbeeren schwimmt in einer zähen, klebrigen Schleimschicht. Viscum, der lateinische Name der Mistel, ist auch das Wort für Leim, und der Begriff Viskosität, der die Zähigkeit einer Flüssigkeit beschreibt, ist davon abgeleitet. Entweder der Vogel frisst die Mistelbeere und sein Kot wird dadurch klebrig, oder er wetzt sich den verschleimten Schnabel sauber - in beiden Fällen haftet der Samen mit Schleimresten an der Wirtspflanze. Nun lässt sich die Mistel Zeit. Es wächst ein Keim. Über Monate hinweg ernährt sich dieser aus den Resten der Schleimschicht. Schließlich entwickelt er eine Haftscheibe, die sich unlösbar an die Rinde des Wirts saugt - man darf dabei an den »Facehugger« denken, jenes schreckliche

In winterlichen Laubbäumen sind
Misteln das einzige Grün.

Wesen aus dem Film *Alien*, das sich bei Astronauten im Gesicht festkrallt und diese dann zur Eiablage nutzt. Ähnlich verfährt auch die Mistel. Unter der Haftscheibe bildet sich ein »Penetrationskeil«, auch »Primärsenker« genannt. Der arbeitet sich mit einer Mischung aus enzymatischer Lösung und mechanischer Gewalt langsam, aber sicher in das Holz des Wirts vor und verwächst schließlich damit. Das Ganze muss für den Wirt freilich nicht zwangsläufig tödlich enden. Misteln zwacken zwar etwas von dessen Lebenskraft ab – befallene Bäume wachsen langsamer, haben kleinere Früchte und sind anfälliger für Sturmschäden –, aber ein oder zwei Mistelbüsche schaden nicht ernsthaft. Zumal diese auch nur sehr langsam wachsen – nämlich pro Jahr um eine Gabelung an jedem der verzweigten Äste.

In anderer Hinsicht aber war die Mistel tatsächlich ein Todesbringer. Und zwar für Vögel. In früheren Jahrhunderten wurden Singvögel mit klebrigen Leimruten gejagt, die neben einem Käfig ausgelegt wurden, in dem sich ein Lockvogel befand. Für die Leimruten bestrich man Papierstreifen mit dem schleimig klebrigen Sperma der Misteln, dessen Verbreitung die Misteldrosseln fleißig vorantrieben. Die Römer, als Kriegervolk wenig empathisch, hatten dafür nur kalten Spott übrig: »Turdus ipse sibi cacat malum« – »die Drossel kackt sich selbst ihr Verderben«.

- Mistelbeeren schmecken bitter und schleimig. Kulinarisch finden sie nur in dem kroatischen Tresterbrand Biska Verwendung, der aber auch nur in Kroatien getrunken wird.
- Misteln können auch andere Misteln befallen. Auf diese Weise gibt es Büsche, die weiblich und männlich sind, jedoch aus zwei Pflanzen bestehen.
- In der anthroposophisch informierten Krebstherapie spielen Mistelpräparate eine Rolle, die direkt in das Tumorgewebe injiziert werden und dessen Wachstum hemmen sollen. Die Wirksamkeit ist aber umstritten.

Fichte

Name: Picea abies, Europäische Fichte, Familie: Kieferngewächse.

Saison: Als Nadelbäume sind Fichten das ganze Jahr über grün. Geschlagen werden Fichten meist im Winter.

Fichtenwald ist nicht schön. Die in engen Reihen gepflanzten Nadelbäume sind bis auf eine Höhe von drei oder vier Metern dürr. Wirres Totholz versperrt den Weg. Der mit spitzen braunen Nadeln und Reisig bedeckte Boden sieht nie die Sonne – und Regen kommt auch nur durch, wenn es schüttet. Schonungen sind mit grobmaschigem Metallzaun umstellt, um das Jungholz vor Verbiss durch Wild zu schützen. Fichtenwald ist monoton, langweilig und düster – wer sich hier verirrt hat, sehnt sich nach der nächsten Lichtung.

Und verirren geht schnell. Die Fichte ist der Brotbaum der deutschen Waldwirtschaft. Mit einem Viertel des Bestandes ist sie der am häufigsten in deutschen Wäldern vertretene Baum, vor der Kiefer und der Buche. In bestimmten Gebieten, etwa den Höhenlagen Bayerns oder Thüringens, macht sie mehr als die Hälfte des Waldes aus. Im Januar ist im Fichtenwald Holzernte. Man wählt dafür den strengen Winter, zum einen, weil die Bäume dann nicht im Saft stehen und leichter geschnitten werden können. Zum anderen ist zu dieser Zeit die Wahrscheinlichkeit höher, dass der Waldboden gefroren ist. Die tonnenschweren »Harvester« – Waldtraktoren mit integrierter Säge – können sich nun durch den Wald bewegen, ohne allzu sehr einzusinken. Schaden richten sie in jedem Fall an. Waldboden, der einmal von einem Harvester komprimiert wurde, braucht bis zu 30 Jahre, um sich davon wieder zu erholen. Um die Verwüstung zu begrenzen, ist Nutzwald von sogenannten »Rückegassen« durchzogen: schnurgeraden Wegen durch das gleichmäßige Grün.

Die Dominanz der Fichte ist ein relativ junges Phänomen. Wir stellen uns die Wälder vergangener Jahrhunderte gerne als dicht und wild vor, das Gegenteil aber war der Fall. Im ausgehenden Mittelalter herrschte vielerorts eine Holzkrise. Die ursprünglichen Mischwälder, dominiert von langsam wachsenden Bäumen wie Buchen und Eichen, waren abgeholzt, weite Landstriche Europas

waren regelrecht kahl. Die beginnende Industrialisierung mit ihrem enormen Bedarf an Brennmaterial verschärfte die Situation noch weiter. Nun trat die junge Forstwirtschaft auf den Plan. Da die Fichte mit etwa 80 Jahren Umtriebszeit - dem Alter des Baums bei Schlagreife - sehr schnell wächst, und da Fichtenholz leicht, stabil und also ideal nutzbar ist, wurde mit Fichten quasiindustriell aufgeforstet. Ursprünglich in kühlen und feuchten Regionen beheimatet, wie etwa in Skandinavien, expandierte der Nadelbaum nun in weiten Teilen Europas - und wurde erfolgreich nach Nordamerika exportiert. Die großflächige Fichten-Monokultur entstand.

Und damit eine Menge Probleme: Fichten sind Flachwurzler. Bei starkem Sturm oder Orkan - und davon gibt es im Zuge des Klimawandels immer mehr - wird ein reiner Fichtenwald umgeknickt wie eine Reihe Streichhölzer. Fichten sind übermäßig anfällig für Borkenkäferbefall, der vom Wald meist nichts als eine Brache voller kahler Baumskelette übrig lässt. Die Fichte wurde vom Brot- zum Notbaum.

Dabei ist sie, so sie nicht in enger Monokultur gepflanzt ist, ein herrliches Gewächs. Mit ihren bis zu 60 Metern ist die Fichte der höchste einheimische Baum. Wenn sie nicht von ihresgleichen bedrängt wird, zeichnet sie sich durch einen majestätischen,

Die Zapfen der Fichte sind ab Ende Mai sichtbar.
Reif sind sie im Oktober.

gleichmäßigen und ausladenden Wuchs aus. Das Holz von langsam wachsenden Gebirgsfichten ist bekannt für seine Klangeigenschaften und wird in Streichinstrumenten verbaut. Rindenläuse saugen den Saft der Fichte und produzieren daraus Honigtau, der wiederum von Bienen zu dem dunklen, scharfwürzigen Waldhonig verarbeitet wird. Überhaupt ist die Fichte einer der aromatischsten Bäume. Das, was uns als Waldduft in die Nase steigt, ist zum Großteil ihr Geruch. In seiner harzigen, terpentinhaften Ausprägung riecht man ihn im Januar besonders oft, da aus den geschlagenen Stämmen reichlich goldbraunes Harz tropft. Und auch die Fichtennadeln und -triebe haben einen ganz eigenen Geruch. Im Gegensatz zu dem süßlich rustikalen, aus Saunalandschaften bekannten Duft der Kiefern, riecht die Fichte sehr frisch, grün und spitz: nach Harz und Zitrone. Im frühen 20. Jahrhundert war »Spruce« in den USA das beliebteste Aroma für Kaugummi und Bonbons, bevor es von Minze und Menthol ersetzt wurde. Aber noch heute gibt es in Nordamerika und in England »Spruce Beer«: Fichtenbier.

Es ist wahrscheinlich, dass der Fichtenduft bald rar wird. Der Klimawandel setzt der Fichte nicht nur durch Sturmschäden zu – es wird ihr schlicht zu heiß, was sie noch anfälliger für Krankheiten macht. Doch längst steht ein Nachfolger bereit. Die nordamerikanische Douglasie ist wesentlich robuster, wurzelt tiefer und liefert ähnliche Holzqualitäten wie die Fichte. Im Jahr 2050 wird, so manche Schätzungen, die Fichte nur noch fünf Prozent des deutschen Waldes ausmachen – das ist in etwa der Anteil, den sie vor der Industriellen Revolution innehatte. Naturgeschichtlich betrachtet dauerte der Siegeszug der Fichte nicht länger als ein Wimpernschlag.

- Fichten können bis zu 600 Jahre alt werden, in Einzelfällen aber auch sehr viel älter. Die Fichte »Old Tjikko« in Nordschweden ist mit ihren 9500 Jahren einer der ältesten Bäume der Welt.
- Der lateinische Name »picea« leitet sich von »pix«, Pech, ab. Wegen ihrer starken Harzproduktion war die Fichte über Jahrtausende ein wichtiger Lieferant von Schmier- und Dichtmitteln.

Moose

Name: Alle Moose gehören zum biologischen Reich der Plantae. Es gibt drei Abteilungen: die Laubmoose (Bryophyta), die Lebermoose (Marchantiophyta) und die Hornmoose (Anthocerotophyta).

Saison: Moose wachsen das ganze Jahr über. Auch die Sporenbildung ist nicht an Jahreszeiten gebunden, sie findet statt, wenn es warm genug ist.

Moose sind im tristen Stadtwinter, wenn alles herum grau und tot ist, eine kleine Augenweide. So unscheinbar die grünen Polster aus der Ferne wirken, entdeckt man bei genauerem Hinsehen bizarr-schöne Strukturen: Es gibt blütenartige Gebilde, winzige Tannenbäumchen und verschlungene Mangroven. Eine Pflanzenwelt in Miniatur.

Rein taxonomisch sind Moose Pflanzen. Fast genauso nahe verwandt sind sie aber den Algen. Das hat einen entwicklungsgeschichtlichen Hintergrund: Moose waren die ersten Landpflanzen. Sie entwickelten sich in den Gezeitenzonen vor etwa 475 Millionen Jahren aus Algen. Ihr entwicklungsgeschichtlich hohes Alter ist auch der Grund dafür, dass die Fortpflanzung von Moosen sich komplett von der der meisten anderen Pflanzen unterscheidet. Am ungewöhnlichsten an der Sexualität der Moose ist, dass darin etwas eigentlich typisch Tierisches zum Einsatz kommt: Spermazellen, die sich selbstständig fortbewegen und dabei bis zu anderthalb Zentimeter zurücklegen. Befruchten sie die Keimzellen im Archegonium, dem weiblichen Geschlechtsorgan, bildet sich der Embryo: ein kleiner Becher, der durch die Pflanze bricht und in dem sich Sporen befinden. Diese sind eine Art sehr primitiver Vorform von Samen. Sie enthalten – wie die Pollen der höher entwickelten Pflanzen oder tierische Spermien – nur einen einfachen Chromosomensatz. Im Unterschied zu Samen sind Sporen unglaublich resistent. Sie vertragen Trockenheit, Hitze und Kälte. Oft sind sie noch nach Jahrzehnten keimfähig. Vor allem werden Sporen, die so klein sind, dass sie mit bloßem Auge nicht zu erkennen sind, millionenfach ausgeschüttet. Dieser Modus der Verbreitung ist aber nicht die einzige Vermehrung der Moose. Fällt ein Moos-Ästchen auf eine feuchte Unterlage, wächst es weiter. Das funktioniert sogar mit einem Moos-Smoothie, für den man die Pflanze durch ein Sieb gestrichen hat.

Polster-Kissenmoos wächst auch auf Beton.

Zu dieser produktiven Verbreitungsstrategie passt, dass Moose wahre Überlebenskünstler sind. Sie können zwar nur in Feuchtigkeit gedeihen, überstehen jedoch auch lange Perioden von Trockenheit, indem sie in eine Art Dörrschlaf fallen. Moose wachsen in den Tropen, im Himalaya und in Wüsten. Selbst in der Antarktis, dem lebensfeindlichsten aller Kontinente, gibt es bis zu drei Meter dicke Moosteppiche. Moose waren die ersten Landpflanzen, die die Erde besiedelten – und sie werden die letzten sein, die hier wachsen.

- Es gibt etwa 10 000 Laubmoos-, 4000 Lebermoos- und 150 Hornmoos-Arten. Die einzelnen Abteilungen sind nicht näher miteinander verwandt als Moose mit Gefäßpflanzen. Sehr häufig in der Stadt anzutreffen ist das Polster-Kissenmoos, das etwa in den Fugen von Pflastersteinen wächst, oder das Sparrige Kranzmoos, das im Rasen wächst. Beide sind Laubmoose. Ein sehr häufiges Lebermoos ist das Brunnenlebermoos.

- Brunnenlebermoos wurde im Mittelalter – aufgrund seiner leberförmigen Blätter – in Wein ausgekocht und als Lebermittel gereicht. Daher stammt auch der Name. In der modernen Medizin wird Moos unter anderem aufgrund seiner pilzabtötenden Wirkung verwendet.

02

Februar

Zaubernuss

Name: Hamamelis vernalis, Frühlings-Zaubernuss, Familie: Zaubernussgewächse.

Saison: Die Blüte beginnt Anfang Januar und endet im März.

Die Zaubernuss versteht sich auf Hokuspokus. Sie ist einer der frühesten Blüher des Jahres, manchmal gehen die ersten Knospen schon an warmen Dezembertagen auf. Bei genauerer Betrachtung erweisen sich die Blüten als sehr hässlich. Dünne, krumpelige, neongelbe Fäden hängen aus der Knospe wie die schlappen Finger eines Aliens. Doch dann führt die Zaubernuss ihr Kunststück vor: Fallen die Temperaturen unter null Grad, ziehen sich die Fäden wieder in die Knospe zurück. Blüten, die sich öffnen und schließen, sind keine Besonderheit im Pflanzenreich. Aber eine Rückwärtsbewegung ist für gewöhnlich eher aus der tierischen Welt bekannt.

Der Name Zaubernuss hat allerdings einen anderen Ursprung: Er ist wahrscheinlich eine Verdeutschung des vom Vater der modernen Botanik vergebenen Gattungsnamens Hamamelis. Der leitet sich vom Griechischen »hama« (gleichzeitig) und »melos« (Frucht) ab und verweist darauf, dass die kleinen unscheinbaren Früchte der Zaubernuss zeitgleich mit den extrem früh erscheinenden Blüten der Pflanze hängen. Der englische Name »witch hazel« – Hexenhasel – bringt diese Besonderheit ebenfalls schön zum Ausdruck. Als Mehrgenerationenpflanze bedrohte die Zaubernuss das alteuropäische Konzept der Genealogie.

Einige Jahrhunderte vorher hätte diese Anormalität der Zaubernuss zu einer glänzenden Karriere in Sachen schwarzer Magie verholfen, doch das Gewächs wurde erst zur Hochphase der Aufklärung nach Europa gebracht: im frühen 18. Jahrhundert. Heimat der frühlingsblühenden Hamamelis ist das Orzak-Plateau in den nordamerikanischen Bundesstaaten Missouri und Oklahoma. Die Ansiedlung der Zaubernuss in Europa war eine Art botanischer Reimport. Paläontologische Untersuchungen ergaben, dass Hamamelis in Europa bis zur letzten Eiszeit (etwa: 100 000 bis 10 000 v. Chr.) stark verbreitet war. Da die Pflanze mit ihrem Taschenspielertrick schon damals sehr gut an Kälte

angepasst gewesen sein dürfte, war es vermutlich das Aussterben von Bestäubern, das ihr den Garaus machte.

Heute ist die Zaubernuss ein Beweis dafür, dass botanische Mobilität – in diesem Zusammenhang fällt oft der kämpferische Begriff »Invasion« – per se nichts Schlechtes ist. Denn wie traurig wäre es, auf den ungewöhnlichen Duft ihrer Blüten verzichten zu müssen, der an den spitzen Geruch grüner Mandarinen erinnert. Und wie gut passt dieses leicht aufdringliche Parfüm zum exzentrischen Auftritt dieses Zauberkünstlers auf der weißen Bühne des späten Winters.

• Ein aus der Virginia-Zaubernuss gewonnenes Extrakt wurde schon von den Ureinwohnern Nordamerikas zur Behandlung von Entzündungen, Blutungen und Verletzungen verwendet. Heute ist es ein wichtiger Bestandteil vieler kosmetischer Produkte.

Winterling

Name: Eranthis hyemalis, Winterling
Familie: Hahnenfußgewächse.

Saison: Winterlinge blühen
ab Anfang Februar.

Noch ist alles kahl. Auch verhalten sich noch die meisten Singvögel ruhig, nur der spitze Zickzackgesang der Meisen und des Buchfinks ist zu hören, wie ein Wecker, der zu früh gestellt wurde. Viel lauter aber sind die Laubbläser, mit denen Gärtner versuchen, das trockene Laub des Vorjahres zu handlichen Haufen zusammenzuraufen. Scheint die Sonne, so wärmt sie noch nicht, oft ist sie hinter einem milchigen Schleier verborgen. Keine Frage: Noch herrscht Winter.

Doch auch der hat seine eigenen Blüten. Die auffälligsten findet man an den Rändern von Wiesen. Hier wachsen Winterlinge. Zwei, drei frostfreie Tage Mitte Februar reichen, um sie aus der Erde sprießen zu lassen. Dann färben sich weite Flächen in strahlendes Gelb.

Winterlinge sehen aus wie kleine, lustige Männchen. Eine kugelförmige, dottergelbe Blüte sitzt auf einem sogenannten Wirtel, einer Halskrause aus gefiederten Blättern. Die Blüte öffnet sich bei Sonnenschein und schließt sich am Abend – um die empfindlichen Erbanlagen vor der Nachtkälte zu schützen. Zwischen den Blütenblättern befinden sich winzige, dünne Röhren. Hier verbirgt sich der Nektar des Winterlings, der die Bestäuber anlockt. Geschlürft werden kann er ausschließlich von Hummeln; nur deren Rüssel ist lang genug, um am Grund des Kelches zu saugen. Für die dicken Hummelköniginnen, die an den ersten Sonnentagen träge und langsam über die Wiesen brummen, ist der Winterling überlebenswichtig. Wir Menschen können am Winterling immerhin riechen, dann nehmen wir einen sehr zarten, honigsüßen Duft wahr, in den sich aber auch das krautig zwiebelige Aroma der grünen Pflanzensäfte mischt, wenn man es wagt, den Winterling zu pflücken. Der Stiel ist zäh und gummiartig. Wer einen Winterling in der Hand halten möchte, muss Gewalt gebrauchen und zermatscht ihn dabei zwangsläufig.

Der Auftritt des Winterlings ist kurz. Nach nur wenigen Tagen verwelken die gelben Blüten. Schon Anfang Juni, wenn alles blüht und summt und zwitschert und duftet, verschwinden die knöchelhohen Pflänzchen wieder von der Erdoberfläche. Ihr Laub, bestehend aus handförmigen Blättern, hat dann seine Arbeit getan und verwelkt. Die Samen sind reif, vor allem aber hat das unterirdische »Überdauerungsorgan« - ein sogenanntes Rhizom, mehrere verwachsene Knollen - genügend Energie getankt. Der Winterling schläft bis zum nächsten Spätwinter.

- Winterlinge mögen weiche Erde und schattige Plätze. Unter Nadelholz wachsen sie nicht.

- Die Heimat des in Mitteleuropa verbreiteten Winterlings ist der Balkan und Südeuropa. Von dort aus wurde er im 16. Jahrhundert nördlich der Alpen als Zierpflanze eingeführt.

Hasel

Name: Corylus avellana, Gemeine Hasel, Familie: Birkengewächse.

Saison: Die Gemeine Hasel blüht ab Februar, Ende August sind die Nüsse reif.

Wer an windigen Vorfrühlingstagen an einem Haselstrauch vorbeigeht, kann schweflig gelbe Wolken sehen, die sanft verweht werden. Der Strauch ist ein Beispiel für Anemogamie, schöner: für Windblütigkeit. Es gibt männliche und weibliche Blüten, die Bestäubung übernimmt der Wind, der in dieser Jahreszeit frisch bläst. Weil natürlich der Großteil der Pollen dabei verweht wird, muss die Hasel ihr männliches Erbgut in rauen Mengen produzieren. Eines der länglichen Kätzchen, liebevoll auch »Märzennudel« genannt, enthält bis zu zwei Millionen Pollenkörner. Entsprechende Allergiker fluchen daher auf die Hasel. Und wenn es die Natur besonders böse mit ihnen meint, müssen sie aufgrund einer Kreuzallergie auch noch auf den Genuss der Nüsse verzichten.

Für uns Zeitgenossen ist ein Leben ohne Nougat, Haselnusspesto und Schokolade (die oft Spuren von Nüssen enthält) ein Ärgernis. Für unsere Vorfahren aber war die Haselnuss unvergleichbar wichtiger, nämlich überlebensnotwendig. Mit ihrer harten, dichten und schützenden Schale und dem hochkalorischen Kern ist sie in Zeiten chronischer Unterernährung eine Art Survival-Kit. Es ist sehr wahrscheinlich, dass die Haselnuss einen entscheidenden Anteil bei der Verbreitung und Sesshaftwerdung des Homo sapiens in Europa hatte. Vor etwa 10 000 Jahren begann die Klimastufe des Boreal, die sich durch eine stetige Erwärmung auszeichnete. Die noch von der Eiszeit bestimmte Vegetation Zentral- und Nordeuropas änderte sich radikal. Die Hasel hielt Einzug und stellte – vergesellschaftet mit der Kiefer – den Großteil des Waldbestandes. Was damals hieß: Die Hasel wuchs überall.

Die Menschen, die noch nicht sesshaft waren, fanden in ihr eine ideale Nahrungsquelle. Es ist wahrscheinlich, dass der Homo sapiens auch aktiv an der Verbreitung der Hasel beteiligt war – etwa über das Anlegen von Vorräten in der Erde. Mit der folgenden Klimastufe, dem Atlantikum, änderte sich die Vegetation wieder, nun wurden Erlen, Linden und Ulmen dominant, die dann wiederum abgelöst wurden von Buchen und Eichen: dem Wald, der bis zur Industrialisierung in Europa vorherrschend war. Die Haselnuss aber blieb eine der wichtigsten Nutzpflanzen, was sich unter anderem in ihrer reichen kulturellen Bedeutung zeigt.

Bei den Römern wurden Friedensschlüsse mit Haselzweigen besiegelt. Bis ins späte Mittelalter wurde der Busch weiblich angesprochen - als »Frau Haselin« -, was eventuell auf ihre nährende,

mit matriarchalen Gottheiten assoziierte Funktion verweist. In Germanien galten Haselhaine als heilig, Fremden war es nicht gestattet, mehr als eine Hand voll Nüsse daraus zu entwenden. In vorchristlichen Gräbern finden sich häufig Haselzweige als Beigabe. Diese Symbolik scheint sich bis in die Neuzeit gehalten zu haben - im Märchen *Aschenputtel*. Die Halbwaise bittet ihren Vater, der eine Messe in einer fremden Stadt besucht, um Haselreisig als Mitbringsel. Dieses pflanzt Aschenputtel auf dem Grab der Mutter. Es wächst ein Wunderbaum, in dem die beiden Tauben hausen, die Aschenputtel zum Glück verhelfen. Die Bedeutung der Hasel als Nährbaum könnte so aufgehoben sein.

Eine sehr viel düstere, aber doch verwandte Rolle spielte die Hasel im vorchristlichen Irland. Dort wurden Moorleichen gefunden, die auf bizarr brutale Weise getötet wurden. Die jungen Männer wurden zugleich erschlagen und erstochen, ihre Brustwarzen wurden abgeschnitten und ihre Glieder durchbohrt und mit Haselruten durchflochten. Da die Männer vor ihrem gewaltsamen Tod eine luxuriöse Diät genossen hatten und da es im alten Irland eine Souveränitätsbekundung war, dem Herrscher an den Brustwarzen zu saugen, könnte es sich um alternative Königsanwärter gehandelt haben. Vielleicht wurden sie mehreren Gottheiten zugleich geopfert, was den abstrusen Overkill erklären würde. Dass auch der Hasel als einer der wichtigsten Nährpflanzen hier Tribut gezollt wurde, ist gut möglich.

Aber nicht nur der Früchte wegen war die Hasel so wertvoll. Ihr Holz ist zwar nicht sonderlich hart und haltbar, lässt sich dafür aber sehr gut spalten und biegen. Fassreifen, die Ringe, mit denen die Elemente eines Holzfasses aneinandergedrückt wurden, waren oft aus Haselruten. Diese Eigenschaft macht die Hasel zu einem hervorragenden Bastelholz. Ihre langen, geraden und schön rötlich glänzenden Äste lassen sich wunderbar leicht absägen, entrinden, schnitzen und formen. Im Handumdrehen ist so ein Pfeilbogen gebaut oder ein Messer oder Schwert geschnitzt. Eine überlebensnotwendige Rohstoffquelle ist die Hasel schon lange nicht mehr, aber Freude spendet sie noch immer.

- Die Haselnüsse, die heute gegessen werden, stammen meist nicht von der Gemeinen Hasel, sondern von C. maxima, der baumartigen Lambertshasel. Sie wird vor allem in der Türkei und in Italien angebaut.

- Der Name Haselnuss stammt tatsächlich vom Hasen, der sich angeblich gern in dem dichten Busch versteckt. Der lateinische Name Corylus stammt von »Korys«, Griechisch für Helm, und bezieht sich auf die helmartige Fruchthülle.

Gänseblümchen

Name: Bellis perennis, Ausdauerndes Gänseblümchen, Familie: Korbblütler.

Saison: Das Gänseblümchen blüht ab Februar und bis in den November.

Das Gänseblümchen ist eine Kinderblume. Zum einen sieht es aus wie eine kindliche Version der Margerite, weshalb es in der Schweiz auch Margeritli genannt wird. Alles an ihm ist klein und zierlich: das gelbe Körbchen in der Mitte, das aus Dutzenden kleiner Zungenblüten besteht, die weißen, manchmal auch zartrosafarbenen Hüllblätter am Rand des Blütenstands und der sehr dünne, leicht beflaumte Stiel der Blüte – man muss dieses Wesen einfach lieben. Dann haben aber auch vor allem Kinder eine Beziehung zum Gänseblümchen. Sie flechten Haarkränze aus ihm, verspeisen es und behaupten, es schmeckte gut. Auch das Liebesorakel »Er oder sie liebt mich / liebt mich nicht« wird traditionell mit Gänseblümchen begangen und ist Ausdruck eines kindlich magischen Denkens, in dem einer Blume die Macht über das eigene Glück zugestanden wird.

Dass Kinder mit der kleinen Blume auf Du und Du stehen, kommt nicht von ungefähr. Kinder spielen auf Wiesen – und genau da wachsen Gänseblümchen, in rauen Mengen und fast das ganze Jahr. Das Gänseblümchen ist eine der heimischen Pflanzen mit der längsten Blühperiode. Schon im Februar spitzen die ersten Knospen aus der Mitte der kleinen Blattrosette. Im Sommer werden die Pflänzchen oft überschattet von größeren Gewächsen und legen eine Pause ein, danach aber blühen sie bis in den späten November.

Eine Pflanze, die so allgegenwärtig ist wie das Gänseblümchen, wurde natürlich auf verschiedene Weise nutzbar gemacht. Es ist hochwertiges Tierfutter, vor allem aber versuchte man mit ihm allerlei Leiden zu mildern. Gegen Kopfschmerzen sollte es helfen und gegen Husten, es sollte Menstruationsbeschwerden lindern, Hautausschlag heilen und die Sehkraft wiederherstellen. Abgesehen von einem – den meisten Korbblütlern eigenen – hautberuhigenden Effekt, sind all diese Wirkungen aber nicht belegt. Sie entspringen vielmehr dem vormodernen Denken in Ähnlichkeiten. Dem Gänseblümchen wurden allerlei besänftigende und lindernde

Eigenschaften zugesprochen, weil es so eine liebliche, kindlich unschuldige Pflanze ist. Am deutlichsten wurde das in einer volkstümlichen Geschichte aus dem Mittelalter: Als die Muttergottes für das Jesuskindlein Blumen pflücken wollte, verletzte sie sich an einer Dorne. Sie blutete, und aus dem Tropfen wuchsen Gänseblümchen.

Noch eine andere Verbindung weist die kleine Blume zu Blut auf. Als in der Renaissance die Kultivierung der Gartenblumen immer beliebter wurde, hatte auch das Gänseblümchen Konjunktur. Und schnell setzte sich unter Gärtnern das Credo durch, dass die rosa gefärbten Hüllblätter noch lieblicher seien als rein weiße. Nur wusste man nicht, wie die Färbung zustande kam. So goss man die weißen Blumen mit Hühnerblut – in der kindlichen Hoffnung, dass diese sich dadurch färben lassen. Natürlich blieb der Effekt aus. Heute weiß man, dass die begehrte Färbung eine Reaktion auf sehr niedrige Temperaturen ist. Das Gänseblümchen ist nämlich eine der kälteresistentesten heimischen Pflanzen. Ihre Blüten ertragen auch Temperaturen bis -15 Grad. Zum Bild des sanften Kinderblümchens will diese Zähigkeit nicht so recht passen.

- Die Samen des Gänseblümchens sind sehr unauffällig. Der vormals gelbe Korbboden der Blüte wölbt sich spitz empor und verteilt über Wind winzige, eiförmige Samen.

- Das Gänseblümchen ist ein Beispiel für Heliotropismus – seine Blüten richten sich nach der Sonne aus. Auf diese Weise wird eine höhere Temperatur erreicht, die die Stoffwechselvorgänge in der Blüte beschleunigt und für eine bessere Verbreitung der Duftstoffe sorgt.

- Der Geruch des Gänseblümchens ist nicht gut. Über einen für Korbblütler typischen Duft, der dem der Kamille ähnlich ist, liegt eine sehr schale Note, die an getrockneten Kot erinnert. Vor allem bei Erwärmung durch Sonnenbestrahlung wird das deutlich.

- Die noch geschlossenen Blütenkörbchen des Gänseblümchens können in Essigsud eingelegt werden und schmecken dann wie Kapern.

Hyazinthe

Name: Hyacinthus orientalis, Gartenhyazinthe, Familie: Spargelgewächse. Es gibt zahlreiche verwandte Pflanzen, etwa die Gattung der Traubenhyazinthe.

Saison: Als Zierpflanze im Topf gibt es Hyazinthen bereits Ende Januar zu kaufen. Im Garten gehen sie ab Mitte März auf.

Die Hyazinthe ist eine typische Vertreterin der sogenannten Arbeiterblume. Das nordwestenglische Lancashire war eines der Zentren der industriellen Revolution. In Tuchfabriken wurde in Schichten bis zu 16 Stunden täglich geschuftet. Man müsste meinen, dass die Männer, Frauen und Kinder, nachdem sie die Fabriktore verlassen hatten, todmüde ins Bett fielen. Das ist wahrscheinlich – aber etliche fanden noch Zeit, sich der Blumenzucht zu widmen. Bürgerliche englische Gartenautoren des frühen 19. Jahrhunderts bemerkten mit einer Mischung aus Klassendünkel und heimlicher Bewunderung, dass einige Blumen »zur Handwerkerblume herabgesunken« seien. Tulpen, Nelken, Primeln und Ranunkeln galten demnach als unfein, weil sie in kleinen, rußgeschwärzten Arbeitergärten gezogen und veredelt wurden – vor allem von den Nachfahren flämischer Weber, denen die Blumenzucht anscheinend im Blut lag. Und die liebten auch die Hyazinthe sehr. So sehr, dass sie bald die prächtigsten und duftendsten Exemplare in ganz England züchteten.

Die Hyazinthe ist eigentlich eine alte südeuropäische Pflanze. Sie wurde sogar durch einen Mythos geadelt (obwohl nicht ganz klar ist, ob sich die auf Ovid zurückgehende Geschichte wirklich auf die Hyazinthe bezieht): Der Jüngling Hyakinthos soll so anmutig gewesen sein, dass Apollon, der Gott der Kunst und des Bogenschießens, ihn als Liebhaber wählte. Gleichzeitig aber war Zephyros, der Gott des Westwindes, in den Knaben verschossen. Als Apollon und Hyakinthos ihre Kräfte beim Diskuswurf maßen, ließ Zephyros eine böse Böe sausen, woraufhin der von Apollon geschleuderte Diskus abgelenkt wurde und Hyakinthos am Kopf traf. Dem Gott blieb nichts anderes übrig, als aus den Bluttropfen seines Geliebten eine Blume sprießen zu lassen. Wie so viele Zierblumen geriet auch die Hyazinthe am Ende der Antike in Europa in Vergessenheit. Sie wurde aber im Orient, vor allem in den Gärten von Aleppo und Bagdad,

kultiviert. Vom Osmanischen Reich aus – wo sie Zemblecuder hieß – gelangte sie im 16. Jahrhundert in die Renaissancegärten Italiens.

Die Hyazinthen, die damals wuchsen, hatten mit den heute bekannten bunten Dolden nicht viel zu tun. Sie trugen nur etwa sechs ihrer trompetenförmigen Blüten an dem kurzen Stängel. Erst der Holländer Peter Voerhelm züchtete die Varietät mit den Blüten, die in sich noch einmal Blütenblätter enthalten – und die deshalb so dicht und buschig aussehen. Er hielt sie anfangs für Krüppel und schmiss die Zwiebel weg. Erst als er krank wurde – so will es die Legende –, versäumte er die Entsorgung, und als er merkte, wie beliebt die Blühbüschel waren, konzentrierte er sich auf deren Zucht.

Der Duft der Hyazinthe ist so stark, dass er oft auch als aufdringlich empfunden wird. Schon der Kaiserliche Gesandte Augerius Ghislain de Busbecq (er war es auch, der die Tulpe nach Europa brachte) berichtete, dass der Geruch der Hyazinthen in Konstantinopel so stark gewesen sei, dass er Kopfweh verursacht habe. Auch Goethe rümpfte in einem Distichon die Nase: »Viele duftende Glocken, o Hyazinthe, bewegst du, aber die Glocken ziehn, wie die Gerüche, nicht an.« Der Geruch der Hyazinthe ist so süß, dass er artifiziell wirkt. Dafür verantwortlich ist Phenylethanal, eine zähflüssige Substanz aus der Klasse der Aldehyde. Phenylethanal ist wichtig für die Parfümindustrie, viele puffige Düfte und künstliche Potpourri-Aromen basieren darauf. Aber auch Tabak wurde und wird mit Phenylethanal aromatisiert, um dem Rauch eine süße, orientalische Note zu verleihen. Bevor die Substanz vollsynthetisch hergestellt werden konnte, wurde sie aus Hyazinthen destilliert. In der Blume aber mischt sich das allzu schnell mit einer fauligen Note, was den fleischlichen Charakter des Dufts noch unterstreicht. Die Hyazinthe hat immer einen Hautgout, man riecht ihr den Komposthaufen an, auf dem sie eines Tages landen wird.

Der Beliebtheit der Hyazinthe im 19. Jahrhundert tat das aber keinen Abbruch. Im Gegenteil – gerade die Aufdringlichkeit des Duftes sorgt ja dafür, dass eine einzige Blume reicht, um ein ganzes Zimmer zu aromatisieren. Nicht nur von englischen Arbeitern wurde sie gezogen, eines der größten Anbaugebiete Europas war Berlin. Der Sandboden südlich der Stadt erwies sich als besonders günstig für die Zucht der Zwiebeln. Schon im Jahr 1740 wurde eine große Hyazinthenausstellung in der Kommandantenstraße gefeiert. In der Mitte des 19. Jahrhunderts wurden auf riesigen Feldern im Südosten der Stadt – dem heutigen Lichtenberg – jährlich über vier Millionen Zwiebeln gezogen.

Eine Berliner Erfindung war dann auch die Hyazinthenzwiebel, die sich in einem kleinen, bauchigen Glas befindet und deren weißes Wurzelbüschel im Wasser steht. Da die Pflanze genügend Energie in der Zwiebel gespeichert hat, braucht sie keine Nährstoffe aus der Erde, um zu blühen. Die Gläser gibt es immer noch. Sehr viel verbreiteter sind jedoch die kleinen, bunten Plastiktöpfe, die in jedem Supermarkt schon ab Januar verkauft werden und in denen sich die kleine, harte Spargelspitze der noch geschlossenen Hyazinthenblüte befindet. Mit der Schönheit von Apollons Lustknaben hat die in ihrer geballten Künstlichkeit nichts mehr zu tun – und doch trägt sie den Frühling in so viele dunkle Wohnungen.

• Der Name Muscari ist die alte Bezeichnung der Hyazinthe. Er bezieht sich auf den starken Duft, der angeblich an Muskat erinnert.

03

März

Weide

Gattung: Salix (Weide), zahlreiche Arten: Salix caprea (Salweide), Salix alba (Silberweide), Salix fragilis (Bruchweide), Salix babylonica (Trauerweide). Saison: Ab Ende Februar beginnen Weiden zu blühen.

An Alleen, in gut gepflegten Schlossgärten und am Rand großer Wiesen sieht man sie noch stehen: Kopfweiden. Jene seltsamen Bäume, deren Stamm in zwei bis drei Metern Höhe in einer wulstigen Kugel endet, aus der dann – eine exzentrische Frisur – lange, dünne Triebe wachsen. Mit ihrem krüppelig-menschenähnlichen Wuchs gehören Kopfweiden – besonders, wenn sie in nebligen Mooren stehen – zum festen Bildrepertoire von Schauergeschichten. Ökologisch betrachtet, sind Kopfweiden ein großer Glücksfall. Auf dem »Kopf« bildet sich schnell ein eigenes, gut geschütztes Biotop, in dem seltene Tierarten wie Eulen oder Fledermäuse Unterschlupf finden. Da sich im Lauf der Jahre hier sogar Humus bildet, ist es nicht selten, dass auf Kopfweiden »Überpflanzen« wachsen: etwa Holunder oder Stachelbeeren, deren Samen von Vögeln angetragen wurden.

An Kopfweiden wird eine alte Kulturtechnik sichtbar. Bis ins vorletzte Jahrhundert waren Weidenruten ein stets benötigtes Material. Nicht nur wurden alle Arten von Körben daraus geflochten, auch fanden die Äste im Bau Verwendung: als leichte Elemente von Gerüsten oder als Bestandteil von Mauern. Dazu wurden möglichst gerade und lange zwei- bis dreijährige Triebe benötigt. Diese erntete man von Silberweiden, die in etwa zwei Metern einfach abgesägt wurden. Weil die Bäume an der Schnittfläche die gewünschten Triebe bildeten, diese aber immer wieder abgeschnitten wurden, bildete sich mit der Zeit die Kopfform.

Heute ist diese Technik hinfällig geworden. Weiden gehören aber immer noch zu den ökologisch wichtigsten und vitalsten Gehölzen, die es gibt. Sie wachsen innerhalb weniger Jahre zu stattlichen Bäumen oder Sträuchern heran und sind damit wichtige Pionierpflanzen: Sie besiedeln sehr bald Brachen, festigen die Erde an Hängen und geben anderen Pflanzen Schutz. Vor allem aber für Bienen und Schmetterlinge sind sie überlebensnotwendig.

Alle Weidenarten produzieren in ihren männlichen und weiblichen Blüten - den Kätzchen - sehr viel und sehr hochwertigen Nektar sowie Pollen. Imker pflanzen deshalb gerne Weiden in der Nähe ihrer Bienenstöcke an. Das geht zum Glück sehr leicht: Man muss nur frische Äste in den Boden stecken und gut gießen. Schon wurzeln sie, und eine neue Weide wächst.

- Weiden sind zweihäusig getrenntgeschlechtlich. Es gibt männliche und weibliche Bäume. Die männlichen Kätzchen erkennt man an der gelben Farbe, die weiblichen an der grünlichen.

- In der Rinde der Weide ist Salicin enthalten, das in der menschlichen Leber zu Salicylsäure - dem pharmakologisch wirksamen Bestandteil von Aspirin - verstoffwechselt wird. Ausgekochte Weidenrinde wurde früher als Schmerz- und Fiebermittel verwendet.

- Der lateinische Name Salix ist sprachverwandt mit dem althochdeutschen »sal«, das schmutziggrau bedeutet, und verweist auf die graue Farbe der Blätter.

- Ältere Weiden sind oft hohl. Das liegt daran, dass das Splintholz, also das innere, nicht mehr als Wasserleitung dienende Holz nicht länger von Gerbstoffen geschützt ist und damit schnell verfault.

Krokus

Name: Crocus, Krokus, Familie: Schwertliliengewächse. Es gibt etwa 100 verschiedene Arten.
Als Zierpflanzen am häufigsten in Mitteleuropa anzutreffen sind: C. vernus, C. chrysanthus, C. flavus, C. sieberi und C. tommasinianus.

Saison: Die meisten heimischen Krokus-Arten blühen ab Mitte Februar. Es gibt aber auch Herbstblüher.

Der Frühling ist für uns eine Zeit des Aufatmens. Wie sehr freuen wir uns über die Krokusse, die ab Anfang März invasionsartig auf den Wiesen auftauchen. Da sie sehr anspruchslos sind, wachsen sie überall: in Parks, Gärten, sogar auf Verkehrsinseln. Krokusse sind gesellig, sie stehen in Büscheln zusammen, manchmal auch in großen Kolonien. Wie herrlich ist es, im Sonnenschein der ersten Frühlingstage an so einem Feld vorbeizugehen. Dann sind die Blüten voll geöffnet (Krokusse sind sehr temperaturempfindlich, manchmal reicht schon eine Wolke vor der Sonne und die Kelche schließen sich wieder), Hummeln und die ersten Bienen tummeln sich in dem bunten Meer, und ganz feiner Honigduft liegt in der Luft, der die süßen Schwaden der Kirschblüte vorwegnimmt. Kurz: Der Krokus lässt uns das Herz in der Brust vor Freude hüpfen.

Wie anders gestaltet sich das für Amseln. Der Frühling ist für Brutvögel ohnehin keine Wonne. Nestbau, Eier wärmen, Würmer in aufgesperrte Schnäbel stopfen: der reine Stress. Dazu müssen die Reviergrenzen ständig gegen Artgenossen verteidigt werden, um die Versorgung der Küken zu sichern. Der uns so lieblich erscheinende Abendgesang der Amseln ist in Wirklichkeit ein aggressives Pöbeln in Richtung Nachbarfamilie.

Und dann gibt es auch noch die Krokusse. In Zeiten der Brut reagieren Amselmännchen besonders aggressiv auf die Farbe Gelb. Der Grund dafür ist, dass sie an der Farbe ihre männlichen Artgenossen erkennen: am Gelb des Schnabels und der Augenringe. Sehen sie nun gelbe Krokusse in ihrem Revier, platzt ihnen der Kragen. Regelmäßig sieht man in den Abendstunden Amselmännchen in Krokusfeldern wüten. Massenhaft rupfen sie dann die gelben Blumen aus. Nach getaner Arbeit stehen sie mit drohend geöffnetem Schnabel im Werk ihrer Zerstörung. Man kann nur erahnen, wie gut es sich für sie anfühlen muss, eine so große Anzahl von Widersachern zur Strecke gebracht zu haben. Zum Glück wächst der Krokus noch in Weiß und Violett.

- Die Schweizer Hardrock-Band »Krokus« führt ihren Namen unter anderem darauf zurück, dass in Krokus »rok« (wenngleich auch ohne »c«) steckt. Sie ist bekannt für einfühlsame Rock-Balladen.
- Safran wird aus den Staubfäden der Art C. sativus kultiviert, die ursprünglich auf den Ägäischen Inseln wuchs.

Stiefmütterchen

Name: Garten-Stiefmütterchen, Viola x wittrockiana, gezüchtet aus dem wilden Stiefmütterchen, Viola tricolor. Gattung: Veilchen.

Saison: Das Stiefmütterchen blüht im Freien ab März und dann bis in den Herbst.

Das Stiefmütterchen ist florale Massenware. Ab Anfang März wird es palettenweise in Discountern und Gartencentern zum Kauf angeboten. Die kleinen Pflanzen mit ihren tollpatschig dreinblickenden Blüten und den dicken, leicht behaarten und schrumpeligen Blättern scheinen eine botanische Einheit mit den dünnwandigen schwarzen Plastiktöpfen zu bilden, in denen sie stecken. Da Stiefmütterchen absolut anspruchslos sind und bei hinreichender Wässerung das ganze Jahr hindurch blühen, sind sie im Gartenbau äußerst beliebt. Überall, wo es darum geht, eine möglichst große Fläche mit möglichst geringem Aufwand blütenbunt zu färben, kommen sie zum Einsatz: vor allem in Blumenrabatten in städtischen Parks, auf Gräbern, auf Balkonen und in Vorgärten. Das Stiefmütterchen sagt: Hier wurde etwas gepflanzt, und das muss jetzt auch reichen.

Die Lieblosigkeit trägt die Blume auch schon im Namen. Seit dem 15. Jahrhundert wird Viola tricolor als Gartenpflanze kultiviert. Sie wurde verschiedentlich bezeichnet: Samtiges Veilchen, Dreifaltigkeitsblume (wegen der drei Farben der Blüten) oder Freysam-Kraut (weil es gegen »Freysam«, ein damals üblicher Name für Hautausschlag, verwendet wurde). Nach und nach setzte sich aber der Begriff »Stiefmütterchen« durch. Der bezog sich auf die besondere Blütenform: Das untere, große, bunt gezeichnete Kronblatt wurde als dominante Stiefmutter betrachtet, die auf zwei Stühlen sitzt, den Kelchblättern. Ihre leiblichen Töchter, die Kronblätter links und rechts, haben es noch gut: Sie bekamen etwas Farbe und einen Kelchblatt-Stuhl ab. Die beiden Stieftöchter aber, die oberen Kronblätter, haben nichts zu lachen: Sie sind blass und einfarbig, auch werden sie von den leiblichen Töchtern fast verdeckt. Die ganze Gewalt und das ganze Drohpotenzial der patriarchal-genealogischen Ordnung wurde so in einen Blumennamen gepackt. Dazu passte dann nur zu gut, dass ab dem frühen 19. Jahrhundert Blüten mit der heute typischen Zeichnung des »grimmigen Gesichts« gezüchtet wurden – was sollte das anderes darstellen als die böse Stiefmutter?

Auf der anderen Seite – das macht die Sache nicht besser – stand das Stiefmütterchen immer auch für Bescheidenheit und Keuschheit. Mustergültig kommt das in einer Fabel zum Ausdruck, die im 19. Jahrhundert sehr populär war und in Schulbüchern und Kalendern verbreitet wurde. Sie erklärt die völlige Duftlosigkeit des Stiefmütterchens. Einst habe es köstlich geduftet. So gut, dass Blumenliebhaber in Scharen zu ihm pilgerten, dabei aber die Kuhweide

zertrampelten, auf der es wuchs. Daraufhin, so das Rührstück weiter, verhungerten die Kühe. Dies zerknirschte das feinfühlige Stiefmütterchen so sehr, dass es den lieben Gott bat, ihm seinen wunderbaren Duft zu nehmen, was dieser gnädig gewährte.

Wie viel besser haben es die Blumen doch da im englischen Sprachraum! Auch in England wurde Viola tricolor ab dem 15. Jahrhundert als Gartenblume gezüchtet – jedoch unter dem Namen »pansy«. Der stammt vom französischen »pensée« ab und verweist darauf, dass das Pansy die Blume des Eingedenkens ist. Als Ophelia in *Hamlet* die Sprache der Blüten erklärt, sagt sie: »pansies, that's for thoughts.« Ganz keusch muss dieses Gedenken dann übrigens nicht sein. So braut der Elfenkönig Oberon in Shakespeares *Sturm* aus Pansies einen hoch effektiven Liebestrank. Auch im Deutschen war im 18. Jahrhundert noch der Name »Pensée« für die Pflanze gebräuchlich, wurde im 19. Jahrhundert dann aber weggermanifiziert – zu viel Denken passte nicht mit Stiefmütterlichkeit zusammen.

In England hingegen stand das Pansy nicht nur für die Gedanken Liebender aneinander – ein heimlich überreichter Strauß hieß etwa: »Ich gedenke unserer verbotenen Liebe« –, es war auch eine Chiffre für allgemeine Gedankenfreiheit. Im angloamerikanischen Sprachraum nutzen bis heute atheistische Verbände die Blüte als Siegel.

Spätestens ab Mitte des 19. Jahrhunderts ist Pansy im Englischen auch ein Begriff für einen Schönling – speziell für einen schwulen. Wie alle Fremdbezeichnungen für Homosexuelle war das nicht nett gemeint. Pansy sollte auf Verweichlichung, Zartheit und Äußerlichkeit hinweisen. Dabei steht die Blume – zumindest im Englischen – für Freigeist und Sinnlichkeit.

- Das Garten-Stiefmütterchen ist üblicherweise eine zweijährige Pflanze. Im ersten Jahr grünt sie nur, im zweiten Jahr setzt sie Blüten an. Danach schießt sie ins Kraut und wird unansehnlich.

- Stiefmütterchen gehören zu den wenigen Pflanzen, die eine fast völlig schwarze Färbung haben (im Mal auf der Blüte). Diese entsteht durch sogenannte Subtraktionsfärbung: durch die Übereinanderlagerung komplementärfarbiger Pigmente.

- »Pansy Division« aus San Francisco ist eine der bekanntesten offen schwulen Punk-Bands. Mit Hits wie »That's So Gay« und »Boyfriend Wanted« formierten sie das Genre Homocore.

Narzisse

Name: Narcissus, Narzisse (Gattung). Zahlreiche Arten. Davon die bekanntesten: Narcissus pseudonarcissus (Osterglocke), Narcissus poeticus (Dichternarzisse, Weiße Narzisse, Echte Narzisse).

Saison: Narzissen blühen ab Mitte März. Schnittblumen sind ab Februar im Handel. Es gibt auch herbstblühende Arten.

Die Narzisse erregte schon immer mehr Aufsehen als andere Blumen. Das zeigt sich allein daran, dass es gleich zwei antike Mythen gibt, in denen sie eine zentrale Rolle spielt. Den bekannteren erzählt Ovid. Narkissos war so schön, dass er alle Welt in Staunen versetzte. Zugleich war er aber auch so eingebildet, dass er jegliche Avancen zurückwies – waren doch alle hässlicher als er. Die Bergnymphe Echo verhungerte in unerfüllter Liebe zu ihm, auf dass nur noch ihre Stimme zurückblieb: »Seitdem birgt sie der Wald, und nie im Gebirge gesehen, wird sie von allen gehört«, heißt es bei Ovid. Bevor sich ein anderer verschmähter Liebhaber, Ameinios, vor lauter Unglück erdolchte, bat er die Rachegöttin Nemesis um Strafe für den eitlen Jüngling. Narkissos sollte selbst den Schmerz brennender Sehnsucht erfahren. Die Göttin gewährte den Wunsch. Als Narkissos sein Spiegelbild im Wasser erblickte, verging er vor unstillbarer Liebe zu sich selbst. Wohlgesinnte Nymphen wollten den Leichnam ehrenhaft verbrennen, doch war er verschwunden: »Für den Leib ein gelbliches Blümlein fanden sie, rings um den Kelch weißschimmernde Blätter gegürtet.«

Die Narzisse, die Ovid beschreibt, ist nicht die leuchtend gelbe Schnittblume, die heute als Osterglocke verkauft wird. Es handelt sich um die Weiße Sternnarzisse, auch Dichternarzisse genannt. Die zeichnet sich durch eine marmorhafte Kühle aus. Sie wurde früher auch Toten- oder Witwenblume genannt – und passt somit trefflich zur kalten Hochmut des eitlen Jünglings. Was allen Narzissen gemein ist, was sie mit ihrem mythologischen Namensgeber verbindet, ist die fast exzentrische Schönheit ihrer Blüte. Diese hat zwei Elemente: die äußere Krone, die aus sechs sternförmig angeordneten Blütenblättern besteht. Sie geben nur die Bühne für die innere Krone, auch Paracorollar genannt. Dabei handelt es sich um einen Kelch, der sich - entwicklungsgeschichtlich betrachtet - aus Staubgefäßen in der Mitte der Blüte gebildet hat. Er besteht nicht aus einzelnen Blättern, sondern ist eine nur oben geöffnete Röhre. Wären Narzissen nicht giftig, könnte man die innere Krone als florales Schnapsglas benutzen. Erst bei genauerer Betrachtung fällt ihre feine Ziselierung auf, die an ein handwerkliches Meisterstück aus dem Rokoko erinnert. Auch im Mittelalter bezauberte die Narzisse noch: Im *Hortus sanitatis,* einem Kräuterbuch aus dem Jahr 1491, in dem die meisten Pflanzen schon ganz und gar naturalistisch abgebildet sind, sieht man die Narzisse mit kleinen, nackten Männchen an Stelle der inneren Krone, die sich selbstverliebt streicheln. Die Schönheit der Narzisse galt immer auch als ein wenig verdächtig.

Das zeigt sich auch im zweiten antiken Mythos, in dem die Pflanze eine Rolle spielt. Der ist von noch größerer Tragweite als Ovids Geschichte, handelt er doch von nichts Geringerem als dem ewigen Zyklus der Natur. Persephone, die Tochter der nährenden Muttergottheit Demeter, war das schönste Mädchen auf Erden. Eines Tages sammelte sie auf einer Bergwiese Blumen. Darunter waren auch Narzissen, die einen so süßen Duft verströmten, dass sie einem den Verstand rauben konnten - was auch eine Erklärung für ihren Namen sein könnte: Womöglich leitet sich der vom griechischen »narkein«, betäuben, ab, das noch heute im Wort Narkose steckt. Vielleicht steckt auch dieses Verb im Namen Narkissos, der von betäubender Schönheit war.

Persephone wusste nicht, dass es sich um eine Falle handelte. Als sie nach den Blumen griff, öffnete sich die Erde. Hades, der Herrscher der Unterwelt, fuhr mit seinem protzigen Pferdewagen vor und raubte das Mädchen. Aber er machte seine Rechnung ohne Persephones Mutter. In unendlicher Trauer über den Verlust ihrer Tochter, zog Demeter sich zurück - und da sie die Fruchtbarkeitsgöttin war, verkümmerten alle Pflanzen auf der Erde. Nun wurde es auch Göttervater Zeus blümerant, denn wenn nichts mehr wüchse, stürben die Menschen aus - und die Götter müssten auf die liebgewonnenen Opfer verzichten. Zeus gab also den Mediator und verhandelte mit Demeter und Hades (alle drei übrigens Geschwister) einen Kompromiss: Die Hälfte des Jahres sollte Persephone in der Unterwelt sein, die andere Hälfte bei ihrer Mutter. Wenn Demeter die Abwesenheit ihrer Tochter betrauert, ist es Winter. Wenn Persephone zurückkehrt, lässt Demeter alles wachsen - auch die Blumen, die einst für das Verschwinden ihrer Tochter verantwortlich waren. Nie in der Kulturgeschichte der Menschheit wurde ein schöneres Bild für das Mysterium der ewigen Wiederkehr in der Natur gefunden. An dieser Stelle hakte auch das Christentum ein. Die verdächtig schöne Narzisse wurde schlichtweg zur Osterglocke, da sie jährlich rund um das Auferstehungsfest aus der Erde sprießt und so die Hoffnung auf ein ewiges Leben symbolisiert.

Aber nicht nur antiken Griechen und Christen ist die Narzisse heilig. Auch in der islamischen Welt war und ist man von ihr bezaubert. Immer wieder wurde sie mit Augen verglichen - teils aber auch mit vor lauter Liebe erblindeten. Der in seinem Pragmatismus schönste Ausspruch über die Narzisse wird dem Propheten selbst zugeschrieben. Mohammed soll gesagt haben: »Wer zwei Brote hat, verkaufe eines und kaufe sich Narzissenblüten dafür; denn Brot ist nur dem Körper Nahrung, die Narzisse aber nährt die Seele.«

- Die Urheimat der Narzisse war Südeuropa, der Hauptverbreitungsschwerpunkt war die iberische Halbinsel. Aber schon in der Antike waren sie im gesamten Mittelmeergebiet verbreitet.

- Narzissen bilden zum Schutz vor Parasiten giftige Alkaloide. Vor allem in der Dichternarzisse finden sich diese in hoher Konzentration.

- Die Zwiebeln der Narzissen bilden sogenannte Ziehwurzeln aus. Sie ziehen die Zwiebel tiefer ins Erdreich.

Pappel

Name: Populus, Pappel (Gattung), zahlreiche Arten: Populus nigra italica (Pyramidenpappel), Populus tremula (Zitterpappel), Populus alba (Silberpappel), Populus balsamica (Balsampappel).

Saison: Anfang April treiben die Blätter aus den Knospen aus. Pappeln verbreiten dann einen sehr typischen, balsamischen Geruch.

Die Pappel hat Konjunktur. Bis vor einigen Jahren war die kerzengerade, langwachsende Pyramidenpappel vor allem als Alleebaum bekannt. Auch wenn sie schon im Mittelalter nördlich der Alpen aus Südeuropa eingeführt wurde, war es Napoleon, der sie massenhaft verbreitete. Er ließ sie entlang von Heerstraßen pflanzen, auf dass diese im Winter auch bei hohem Schnee erkennbar und im Sommer beschattet seien. Das Gleiche machte zuvor schon Friedrich der Große in Preußen. Pappelalleen wirken majestätisch, ihnen fehlt die heimelig verwachsene Bedecktheit von Eichenalleen, vielmehr fährt oder schreitet man durch ein offenes Spalier langer, ernster Bäume. Eine andere Art, die Zitterpappel, auch Espe genannt, ist eine wichtige Pionierpflanze auf Brachen und in lichten Wäldern. Die Silberpappel mit ihren weiß glänzenden Unterseiten hingegen steht gerne an Flussläufen. Nun aber wurde die Pappel ein Modebaum, genauer: ein Kulturbaum. Wie kein zweites Gehölz wird sie gerade angepflanzt. Allerdings nicht in Wäldern, sondern auf Feldern: auf sogenannten Kurzumtriebsplantagen.

Das helle, gleichmäßig gemaserte Pappelholz ist porös und nicht sonderlich witterungsbeständig. Da es langsam brennt, eignet es sich vor allem für Streichhölzer, auch werden grobe Paletten daraus gezimmert. Es hat gute Klangeigenschaften und wird in Streichinstrumenten verarbeitet. Vor allem aber wird aus Pappelholz, aufgrund seines hohen Zelluloseanteils, Papier gemacht. All das ist auf den Kurzumtriebsplantagen jedoch nicht von Interesse. Hier geht es um die basalste Funktion der Pappel: Sie produziert Biomasse. Die wird entweder verbrannt oder in Gas verwandelt. Im Zuge der Energiewende gilt diese Form von Stromerzeugung als nachhaltig und zukunftsweisend. Bei günstiger Bodenbeschaffenheit können Bauern mit Kurzumtriebsplantagen (neben Pappeln werden oft auch schnell wachsende Weiden verwendet) heute schon mehr Geld verdienen als mit einer traditionellen Fruchtfolge. Schön sind die Felder nicht unbedingt, aber sie sehen interessant aus: Drei bis sechs Jahre wachsen die Bäume, sie sind eng gepflanzt und schießen schnell in die Höhe – ein grüner, massiver Block. Riesige Häcksler ernten die Bäume. Verwendet wird meist die nordamerikanische Balsampappel, denn sie wächst besonders schnell. Ihren Namen hat sie von dem starken, süß-seifigen Geruch, den die klebrigen Blattknospen kurz vor dem Austrieb Anfang April verströmen. In etwas abgeschwächter Form geben auch andere Pappelarten diesen balsamischen Duft ab.

Einer der Gründe für das schnelle Wachstum der Pappeln ist ihr Durst. Pappeln saugen mit ihren weitverzweigten Wurzeln mehr Wasser als andere Bäume – und damit auch mehr Nährstoffe. Das führt dazu, dass sich unter Pappelpflanzungen der Grundwasserspiegel senkt. In vergangenen Jahrhunderten wurden die Bäume deshalb zur Trockenlegung von Sümpfen aufgeforstet. Am effizienten Pumpmechanismus der Pappeln ist auch ihr Laub beteiligt. Schon der kleinste Windhauch lässt ein Pappelblatt aus seiner horizontalen Lage kippen, in die es durch den langen, elastischen Stiel aber sofort wieder zurückversetzt wird. Die ständige Bewegung hat eine erhöhte Transpiration zur Folge – und damit einen höheren Flüssigkeitsumsatz. Außerdem kann die Pappel auf diese Weise auch mit der Blattunterseite Photosynthese betreiben. Am stärksten ausgeprägt ist diese Eigenschaft bei den Espen, den sprichwörtlichen Zitterpappeln. Aber auch das Laub von Schwarz-, Silber- oder Balsampappeln zittert. Nur, was für ein unschöner Ausdruck ist das eigentlich: Zittern? Er trifft die Sache auch kaum. Eine Pappel im Sonnenlicht ist ein irritierend schöner Anblick. Der ganze Baum flimmert. Und da Pappellaub holzig ist und die Blätter ständig aneinanderstoßen, ist die Luft von einem gleichmäßigen, sehr hellen Klappern erfüllt. Es klingt, als würden die Pappeln mit Tausenden kleinen Händen applaudieren.

Die Samen der Pappel sind von einer Art Wolle umgeben. Sie sind ab Juli reif.

- 1866 wurde das Anpflanzen von Pappeln an preußischen Landstraßen verboten. Da Pappeln sehr lange Wurzelausläufer haben und überaus vital sind, beschwerten sich Bauern, dass ihre angrenzenden Felder von austreibenden Bäumen verseucht wurden.

- Der Name Populus wurde schon von den Römern verwendet. Er ist zwar gleichlautend mit dem lateinischen Wort für Volk. Dieses ist jedoch männlich, Populus für Pappel ist weiblich.

Schneeglöckchen

Name: Galanthus nivalis, Kleines Schneeglöckchen.
Familie: Amaryllisgewächse.

Saison: Ab Mitte Februar blüht das Schneeglöckchen. Es ist eine sogenannte Zeigerpflanze, die den botanischen Beginn des Vorfrühlings markiert.

Alle lieben das Schneeglöckchen. Auf Englisch heißt es »snowdrop«, Schneetropfen. Auf Französisch »perce-neige«, Schneedurchpiekser. Der botanische Name Galanthus bedeutet Milchblüte. Das alles ist passend. Aber nur im Deutschen klingelt es hell und klar, nur im Deutschen läutet das Schneeglöckchen den Frühling ein.

Der Begriff Glöckchen ist nicht nur zuckersüß, er ist auch morphologisch sehr präzise. Denn die Blüten hängen. Sie baumeln im Wind wie kleine Glocken. Deswegen ist das Innere der Blüte auch meist verborgen. Doch erst darin zeigt sich die bizarre Zartheit des Schneeglöckchens. Die drei großen Blütenhüllblätter bilden die äußere Glockenform. Darin verborgen ist eine kleinere, kelchförmige Glocke, geformt aus senkrecht stehenden Blütenblättern. Biegt man diese auseinander, entdeckt man auf der Innenseite eine feine Tigerung in einem Grün, das leicht ins Bläuliche changiert. Nur in Schneeglöckchen gibt es diese Farbe.

Aber eigentlich möchte man Schneeglöckchen weder zerrupfen noch pflücken. Man muss sie nicht besitzen, um sie zu lieben. Keiner beschrieb das schöner als der Schweizer Schriftsteller Robert Walser in seinem Prosastück »Schneeglöckchen«.

»Ich habe Schneeglöckchen gesehen; in Gärten und auf dem Wagen einer Bäuerin, die zu Markt fuhr. Ich wollte einen Busch davon kaufen, dachte aber, es schicke sich für einen stämmigen Menschen, wie ich bin, nicht recht, nach so zartem Wesen zu fragen.«

Dabei stimmte das nicht. Keiner war zarter als Robert Walser. Er schrieb ab der Wende zum letzten Jahrhundert. Besonders betörend sind seine seltsamen Miniaturen. Walser schrieb über Tannen, Wiesen und Seen, über ein Glas Bier und Äpfel. Idyllen sind das mitnichten. Walser beschreibt das Kleinwerden, das

Verschwinden – das Auflösen eines gejagten Subjekts in der friedlichen Umwelt. Etwa im Schneeglöckchen.

»Schneeglöcklein, wovon redet ihr? Sie reden noch vom Winter aber doch auch schon vom Frühling. Sie reden von Vergangenem, doch dabei schon keck und fröhlich vom Neuen. Sie reden vom Kalten und dabei doch schon vom Wärmern. Sie reden von Schnee und zugleich von Grün, von keimendem Wachstum. Schneeglöckchen lispeln allerlei. Sie erinnern an Rosen, darum, weil sie anders sind. Alles erinnert stets an sein Gegenteil.«

- Der einige Wochen nach den Schneeglöckchen blühende Märzenbecher wird manchmal auch »Großes Schneeglöckchen« genannt. Er gehört jedoch zur Gattung der Knotenblumen.

- In der ***Odyssee*** überreicht der Götterbote Hermes Odysseus die Zauberpflanze Moly: »Ihre Wurzel war schwarz, und milchweiß blühte die Blume.« Die schützt den Helden davor, von der mächtigen Zauberin Kirke in ein Schwein verwandelt zu werden. Es wurde gemutmaßt, dass das Schneeglöckchen für Moly Pate stand.

- Schneeglöckchen sind Neophyten. So weit verbreitet sie heute sind, gibt es sie doch erst seit dem 17. Jahrhundert nördlich der Alpen. Bei allen Beständen handelt es sich um verwilderte Zierpflanzen.

- Schneeglöckchen enthalten giftige Alkaloide. Medizinisch von Interesse ist Galantamin, das eventuell gegen Demenz-Symptome wirksam ist. Der Wirkstoff ist jedoch in Verruf geraten, nachdem sich bei Patienten, die damit behandelt wurden, eine erhöhte Sterblichkeit zeigte.

Netzblatt-Schwertlilie

Name: Iris reticulta, Netzblatt-Schwertlilie, Familie: Schwertliliengewächse.

Saison: Die Netzblatt-Schwertlilie blüht ab Mitte März.

Alle kennen die Iris oder die Schwertlilie - zumindest in ihrer stilisierten Form. Die Bourbonen-Lilie, jenes dreiteilige florale Gebilde, das so viele französische Wappen ziert (etwa das von Paris) und das heute gern auf hässlichen Krawatten und Sakkos getragen wird, ist in Wirklichkeit keine Lilie, sondern eine - botanisch damit nur entfernt verwandte - Schwertlilie. Was die heraldische Lilie, die auch Fleur-de-Lis genannt wird, zwar sehr simplifiziert, aber auch sehr akkurat darstellt, ist das Grundprinzip der Schwertlilienblüte. Die ist nämlich dreigeteilt, sie besteht aus drei Blütenelementen, die in der Mitte, am Stängel, miteinander verwachsen sind. Die Blume wirkt auf den ersten Blick verwirrend, da die einzelnen Blütenblätter sich in die Quere kommen können. Erst wenn man sie ordnet, entdeckt man ihre strenge, sternförmige Geometrie. Die Blüten aller Schwertlilien - es gibt über 250 Arten, die auf der ganzen nördlichen Hemisphäre verbreitet sind - zeichnen sich durch ihre gekünstelte Schönheit aus, die an übertrieben reizvolle Dessous denken lässt.

Eine der schönsten Arten ist die Netzblatt-Schwertlilie, die bei uns einer der frühesten Blüher ist. Ihr Name bezieht sich auf die längliche Zwiebel, deren äußerste Hülle von einem feinen Netzmuster gezeichnet ist. Ihre Blüten sind von einem dunklen Violettblau, das so wirkt, als strahle es unter Schwarzlicht. Die Farbe hinterlässt das beunruhigende Gefühl, nicht ganz greifbar zu sein, das Entscheidende bleibt dem menschlichen Auge verborgen. In der Blüte geht es nicht weniger spektakulär zu: Ihr getigertes Muster aus Gelb, Weiß und Schwarz ist so feinteilig, dass es mit dem Mikroskop betrachtet werden möchte. Das alles wirkt übermäßig real, gar nicht pflanzlich-weich, sondern wie in Emaille gebrannt. Als wäre das nicht schon genug, entströmt diesem abstrakten Gebilde auch noch ein starker Veilchenduft, wie man ihn von altmodischen Bonbons oder nicht minder aus der Zeit gefallenen Parfüms kennt, die von alten, bourgeoisen Frauen getragen werden.

In unseren Breiten eingeführt wurde die Netzblatt-Schwertlilie im frühen 19. Jahrhundert. Ab dem Jahr 1821 war sie im Botanischen Garten in Berlin vertreten, schon bald verbreitete sie sich als beliebte und leicht zu ziehende Gartenpflanze. Ihre Urheimat sind die trockenen und heißen Regionen des Kaukasus und des nördlichen Irans. Christian Grunert, der große Gärtner der DDR und Verfasser einer sehr eigensinnigen Pflanzen-Mystik, beschrieb diese Landstriche und ihre Gewächse so: »Und über dem in allen Tönen strahlenden Teppich wölbt sich ein vollkommen reiner, ganz ungewöhnlich tiefblauer Himmel, der in den Mittagsstunden vor Wärme förmlich Wellen schlägt – als ob die Atmosphäre nicht aus Luft, sondern aus einer besonderen Art Wasser besteht. Man selbst wähnt sich nicht auf der Erdoberfläche, sondern glaubt auf dem Grunde eines eigenartigen Meeres zu stehen, und was weithin den Boden bedeckt, könnten Blumen der Tiefe sein. Man glaubt auf einen anderen Stern geraten zu sein, der aus leuchtenderen Grundstoffen erschaffen wurde.«

Genau das ist die Netzblatt-Schwertlilie: ein kleines Alien, das jeden März aus dem Boden sprießt.

- Der Name Iris ist Altgriechisch und bedeutet Regenbogen. Er verweist auf die Farbenpracht der Blüte.

- Alle Pflanzenteile der Netzblatt-Schwertlilie zeugen noch von ihrer Herkunft aus einem sehr trockenen, heißen Gebiet: Die schmalen, wachsigen Blätter verdunsten besonders wenig Wasser. Auch sitzt die Zwiebel tiefer in der schützenden Erde als bei verwandten Pflanzen.

- Aus den Rhizomen der nah verwandten, ähnlich duftenden Iris germanica werden Kaustücke für Kleinkinder gewonnen, die den Speichelfluss erhöhen und das Zahnen erleichtern sollen.

04

April

Magnolie

Name: Magnolia, Magnolie (Gattung). Zahlreiche Arten, etwa: Magnolia x soulangeana (Tulpenmagnolie), Magnolia acuminata (Blaue Gurkenmagnolie), Magnolia grandiflora (Immergrüne Magnolie).

Saison: Die Magnolie blüht in Mitteleuropa ab Mitte April.

Die Magnolie macht alle verrückt. Ihre Blüten sind kleine Granaten kurz nach der Explosion. Und es gibt sie in Massen. Die Magnolie ist floraler Überfluss, sie zwingt dazu, bewundert und bejubelt zu werden. Nirgendwo zeigt sich der Frühling mächtiger als in den rosaroten Blüten dieses Baums.

Bei näherer Betrachtung sind jene jedoch irritierend fremdartig. Das fängt schon beim Duft an. Magnolien riechen nicht gut. Pudrige Süße mischt sich mit einer ölig ranzigen Note, daraus resultiert ein drückend fader, fast fauliger Geruch. Dann ist alles an der Blüte irgendwie zu groß und zu dick. Blütenblätter sind normalerweise fast durchscheinend dünn. Bei der Magnolie sind sie fleischig. Fallen sie ab, bilden sie am Boden oft eine zentimeterdicke, glitschige Biomüllschicht. In der Mitte der Blüte sitzt ein kompaktes Gebilde, das aussieht wie eine Mischung aus einem Spargel und einer Seeanemone. Lieblich wirkt die Magnolie nur aus der Ferne.

So tulpenhaft-hochgezüchtet die Magnolie auch scheint: Sie ist eine der ältesten lebenden Blühpflanzen. Magnolien entstanden vor über 100 Millionen Jahren, in der Kreidezeit. Fossile Funde belegen, dass nah verwandte Pflanzen schon zur Zeit der Dinosaurier blühten. Im Tertiär, vor 70 bis etwa 2 Millionen Jahren, besiedelten sie die gesamte nördliche Hemisphäre.

Die Magnolien sind florale Fossilien – und genau das sieht man ihren Blüten an. Die sind primitiver, weniger differenziert als andere Blüten. So gibt es keine Unterteilung in Kelch- und Kronblätter, vielmehr bestehen sie aus gleichartigen »Tepalen«, die auch nicht miteinander verwachsen sind. Die männlichen Geschlechtsorgane, die Staubblätter, sind nur undeutlich in Faden und Beutel gegliedert. Nektar wird nicht – wie bei »modernen Blüten« – nur am

Blütenboden gebildet, sondern von der gesamten freien Fläche der Fruchtblätter abgesondert. Angelockt werden mit alldem vor allem Käfer. Magnolien entstanden, bevor es Bienen gab.

In Europa starben sie in den Eiszeiten aus. In Ostasien und in Teilen Nordamerikas aber fanden sie evolutionäre Korridore, in denen sie die Jahrmillionen überdauerten. Vor allem in China wurden sie als eine der wichtigsten Gartenpflanzen gezüchtet. Ab dem 11. Jahrhundert verschenkten chinesische Kaiser Stecklinge aus ihren Baumschulen an besonders verdiente Untertanen und Klöster. Einzelne Magnolien sind dort bis zu 600 Jahre alt. Aus China wurden die Bäume auch wieder in Europa eingeführt. Die ersten Exemplare wurden in der Mitte des 18. Jahrhunderts in den königlichen Gärten in Paris gepflanzt. Dessen Gründer, Pierre Magnol, war auch ihr Namensgeber. Er starb zwar, bevor die ersten Magnolien in seinem Garten wuchsen. Aber Carl von Linné, der Übervater der Botanik, benannte die Bäume zu seinen Ehren. Eine glückliche Wahl: Auch wenn das Lateinische »magnus«, groß, nicht die eigentlich Wortwurzel der Magnolie ist, steckt es doch in dem Namen und verweist so auf die große Geschichte dieser Urpflanze.

• Samen entwickeln sich in Europa nur selten. In China werden die roten Früchte in der traditionellen Medizin verwendet.

Forsythie

Name: Forsythia X Intermedia, umgangssprachlich: Forsythie, seltener: Goldglöckchen.

Saison: Die ersten Forsythien blühen Mitte März, die spätesten Ende April.

Es geschieht schlagartig. Von einem Tag auf den anderen überzieht die Forsythie die Stadt mit gelbem Terror. Um genau zu sein: die Vorstadt. Die Forsythie ist botanisches Füllmaterial, das überall dort gepflanzt wird, wo Gärtner die Schlampigkeit des Wildwuchses verabscheuen, aber doch nicht genügend Liebe aufbringen, um anspruchsvolleres Strauchwerk wie Schlehe oder Weißdorn zu pflanzen. Die Forsythie ist da gerade gut genug. Sie ist völlig anspruchslos, wächst dennoch dicht und kann auch als Hecke geschnitten werden. Ihr »unique selling point« jedoch ist die bundespostgelbe Blüte. Rein optisch betrachtet ist sie wirklich mächtig. Während andere Büsche, Sträucher und Bäume pro Ast nur einige Blütenknospen tragen, verwandeln sich die Zweige der Forsythie in dicke, knallgelbe Lametta-Girlanden. Die Forsythie lässt ihre floralen Muskeln etwa vier Wochen bevor die meisten Obsthölzer ausschlagen, spielen. Die Phänologie, die Kunde der botanischen Kalendarik, bezeichnet sie als Zeigerpflanze. Die Forsythie markiert, botanisch betrachtet, den Beginn des Vorfrühlings. Sie schreit: Bald geht es los!

Die Forsythie ist eine sehr junge Pflanze. Ihre Genese lässt sich – botanisch ist das eine große Ausnahme – genau nachvollziehen. Im frühen 19. Jahrhundert brachte der Abenteurer, Botaniker und Forschungsreisende Robert Fortune einige Pflanzen der Gattung Forsythia aus China nach England. Fortune hatte es mit dem botanischen Import. Einige Jahre zuvor schmuggelte er Teepflanzen aus China. Die gelb blühenden Forsythiae (wohlgemerkt noch nicht die heute Forsythie) erregten weit weniger Aufsehen, verbreiteten sich aber dennoch in Europas Gärten. Als botanischer Taufpate musste der ein halbes Jahrhundert zuvor verstorbene Gelehrte William Forsyth herhalten, der sich seine Meriten mit der Bekämpfung von Baumpilzen verdient hatte. Im Jahr 1878 wurde dann im Botanischen Garten in Göttingen ein Hybrid entdeckt: eine spontane Kreuzung ursprünglicher Forsyhtia-Arten. Sie stellte sich als besonders stark blühend, robust und schnellwachsend heraus. Diese Staude trat nun einen rasanten Siegeszug durch Ziergärten an. Sie ist ein Neophyt, eine neu eingeführte Pflanze. Genauer: ein nicht beständiger Neophyt. Denn ohne Menschen, die sich an dem aufdringlichen Gelb der Forsythie erfreuen, könnte sich diese nicht verbreiten.

Das liegt vor allem an den Blüten. So farbenfroh und frühlingskündend uns diese erscheinen: Es sind potemkinsche Dörfer. An den vierblättrigen Kelchen irritiert die völlige Abwesenheit eines Geruchs. Blüten, die wenig duften, sind keine Seltenheit. Meist liegt das aber daran, dass unsere Nase die speziellen Lockstoffe einfach nicht wahrnehmen kann. Nicht so bei der Forsythie. Deren Fortpflanzungsorgane produzieren keinen Nektar und sind somit für Bestäuber ziemlich wertlos. Die unauffälligen, holzigen Kapselsamen der Forsythie werden nur dann gebildet, wenn sich eine Biene doch einmal von der gelben Leuchtreklame locken lässt. Aber das kann der Forsythie egal sein. Sie wurde von Anfang an über Baumschulen und Gärtnereien verbreitet.

Die Fassadenhaftigkeit der Forsythie wird noch auf ganz anderer Ebene deutlich. Kinder treiben sich, um sich dem aufdringlichen Blick der Erwachsenen zu entziehen, gerne im Unterholz herum. Sie legen Lager an und sammeln darin – in Vorbereitung nie stattfindender Kämpfe – Stöcke. Der Idealstock ist lang, gerade und nicht zu dick, einfach abzuschneiden und frei von störendem Laub. Ziemlich genau das, was die Forsythie zu bieten hat – auf den ersten Blick. In Süddeutschland heißt die Forsythie auch Stangenblüher, was daran liegt, dass die Äste hohl sind. Sie sind so leicht und instabil, dass sie schon bei der geringsten Belastung splittern. So etwas lässt sich nicht als Schwert verwenden, auch nicht als Degen. Und noch nicht einmal als Blasrohr eignen sich die Äste, da dünne Mark-Stege die Rohre in regelmäßigen Abständen verschließen. Die Forsythie ist eine gewaltige Enttäuschung, für Kinder wie Insekten gleichermaßen.

Aber etwas Schönes hat sie dann doch. So unharmonisch sich das grelle Gelb der Blüten zum Braun des noch kahlen Vorfrühlings verhält, so gut fügt sich das Herbstlaub der Forsythie in die bunte Feier des Oktobers. Forsythienblätter sind hübsch: sehr glatt, dunkelgrün, leicht glänzend und scharf gezackt. Im Herbst verfärben sie sich in ein dezentes und doch leuchtendes Orangegelb, oft ist auch am selben Blatt ein Farbverlauf von Dunkelrot bis Grün zu beobachten. Im Verschwinden zeigt die Forsythie ihre wahre Größe.

- Nur die im Vorjahr gewachsenen Äste tragen Blüten.
- Alle Teile der Forsythie enthalten schwach giftige Substanzen.

Kirsche

Name: Prunus avium, Vogelkirsche, Familie: Rosengewächse. Zahlreiche Zuchtformen.

Saison: Die Vogelkirsche blüht ab Mitte April. Die Früchte sind ab Mitte Juni reif.

Nirgendwo zeigt sich das Wesen des Frühlings – seine frische, kühle, luftige Pracht – so sehr wie in der Kirschblüte. Viele Bäume und Sträucher sind noch kahl, das wenige bereits ausgetriebene Laub ist licht und lindgrün. Auf dieser spärlich möblierten Bühne tritt nun die Kirsche auf. Von einem Tag auf den anderen verwandelt sich der Baum in eine weiße, manchmal auch zartrosafarbene Wolke. Wird er von der Sonne beschienen, blendet er. Unter seinen Zweigen ist ein deutliches Summen, manchmal sogar ein leises Dröhnen zu vernehmen. Honigbienen und Hummeln tummeln sich hier, die Kirschblüte ist ihr Schlaraffenland. Allerdings ist das Spektakel immer nur von kurzer Dauer.

Der Kirschblütenmythos, der zum ersten Mal im 8. Jahrhundert in den *Nihonshoki*, den »Annalen Japans«, erzählt wurde, bezieht sich zwar auf eine botanisch andere Art als die bei uns beheimatete und gezüchtete Vogelkirsche. Die Geschichte von der ephemeren Schönheit der Kirschblüte ist jedoch universell. Ninigi, der Enkel der Sonnengöttin und erster Herrscher Japans, trifft Konohanasakuyahime. Sie ist die Personifizierung der Kirschblüte, ihr Name bedeutet: »Prinzessin Blühend-wie-die-Baumblüte«. Der Himmelsenkel und Weltenherrscher Ninigi verliebt sich unsterblich und bittet ihren Vater, einen Berggott, um ihre Hand. Der aber schickt Ninigi eine andere Tochter als Braut, Ihanaga-hime, »Prinzessin Langewährend-wie-der-Fels«. Als Ninigi auf seiner Liebe zu Prinzessin Kirschblüte beharrt, spricht die zurückgewiesene Schwester einen Fluch aus: »Hätte der Himmelsenkel mich nicht verschmäht, so hätten die Kinder, die zur Welt kommen, ein langes Leben, es wäre so dauerhaft wie der harte Fels.« So erklärt die japanische Mythologie die irdische Endlichkeit: Menschen verwelken gleich Baumblüten. Im Symbol der Kirschblüte sind Leben und Tod ineinander verflochten.

Dass dieser Mythos in Japan solche Wirkmacht bekam, ist kein Zufall. Zum einen wurde er auf einen alten Fruchtbarkeitsritus aufgepfropft – im Glauben der Reisbauern schwebte ein Berggott auf einer Kirschblütenwolke ins Tal, um für eine gute Ernte zu sorgen. Vor allem aber passte die Geschichte trefflich zur Lehre des Buddhismus, die im 6. Jahrhundert in Japan importiert wurde. Die besagt, dass alle Leidenschaft nur Leiden bereitet und alles Irdische letztlich nur Illusion ist – so vergänglich wie hauchzarte Blüten. Für das melancholische Gefühl dieses Endlichkeitsbewusstseins gibt es im Japanischen sogar einen eigenen Begriff: »Mono no aware«, was sich am besten mit »das Herzzerreißende der Dinge« übersetzen lässt. Bis heute gilt es in Japan als Zeichen besonderer Kultiviertheit, beim Anblick der verwehenden Kirschblüten von »Mono no aware« ergriffen zu werden.

»Das Herzzerreißende der Dinge« kann einen auch unter einem noch voll blühenden Kirschbaum ereilen. Dessen Blüten gehören mit zu den süßesten des Frühlings, ein leichter, nektarhafter Honigduft mischt sich mit einer mandeligen Note, man möchte Biene werden. Vor allem in der Nacht, wenn die Kirsche bestäubende Schwärmer und Falter lockt, scheint der Duft um den Baum zu wehen wie unsichtbare Fahnen. Sie sind aber immer nur Ahnung, nie volle Gegenwart. Wer versucht, dem Wohlgeruch auf den Grund zu gehen, sich eines der Blütenbüschel greift und entschieden hineinschnuppert, riecht vor allem die krautigen Pflanzensäfte, die durch die Quetschung der Blüten austreten. Deren eigentlicher Duft bleibt so ephemer wie Luft.

Die Schönheit dieser Welt ist weder haltbar, noch lässt sie sich greifen: Das alles könnte einen ein bisschen wahnsinnig machen. Aber vielleicht ist das nur die Sichtweise derer, die die Sicherheit eines Bausparvertrages schätzen. Vielleicht lehrt die flüchtige Kirschblüte etwas viel Fundamentaleres: dass Vergänglichkeit kein Mangel, sondern eine der Eigenschaften von Schönheit ist – und letztlich der Reiz alles Diesseitigen.

Am schönsten formuliert wurde das von Robert Musil in seinem Roman *Der Mann ohne Eigenschaften*. In dem fragmentarischen

Eine japanische Blütenkirsche.

Kapitel »Atemzüge eines Sommertags« geht es offensichtlich um Kirschblüten – und um nichts weniger als alles: »Ein geräuschloser Strom glanzlosen Blütenschnees schwebte, von einer abgeblühten Baumgruppe kommend, durch den Sonnenschein; und der Atem, der ihn trug, war so sanft, daß sich kein Blatt regte. Kein Schatten fiel davon auf das Grün des Rasens, aber dieses schien sich von innen zu verdunkeln wie ein Auge. Die zärtlich und verschwenderisch vom jungen Sommer belaubten Bäume und Sträucher, die beiseite standen oder den Hintergrund bildeten, machten den Eindruck von fassungslosen Zuschauern, die, in ihrer fröhlichen Tracht überrascht und gebannt, an diesem Begräbniszug und Naturfest teilnahmen. Frühling und Herbst, Sprache und Schweigen der Natur, auch Lebens- und Todeszauber mischten sich in dem Bild; die Herzen schienen stillzustehen, aus der Brust genommen zu sein, sich dem schweigenden Zug durch die Luft anzuschließen.«

- Die Vogelkirsche ist eng verwandt mit anderen Prunus-Arten, etwa der Sauerkirsche (Prunus cerasus), der japanischen Blütenkirsche (Prunus serrulata), aber auch mit der Zwetschge (Prunus domestica), der Schlehe (Prunus spinosa) und der Mandel (Prunus dulcis). Alle Blüten duften sehr ähnlich. Am stärksten ausgeprägt ist der Duft bei der ungenießbaren spätblühenden Traubenkirsche (Prunus serotina).

- Der leicht mandelhafte Geschmack reifer Kirschen kommt von Blausäureverbindungen im Stein der Frucht.

- Auch die Blätter der Kirsche lassen sich essen. Sie schmecken aromatisch bitter, nach Mandel und Kirsche.

- Kirschen wachsen sehr langsam. Sie beginnen erst mit 25 Jahren zu blühen. Ihr rötliches Holz ist sehr hart.

- Alle Prunus-Arten enthalten in den Samen Glykoside, die hochgiftige Blausäure abspalten. Die Verbindungen dienen als Schutz vor Pilzen.

Mahonie

Name: Mahonia aquifolium, Mahonie, Familie: Berberitzengewächse.

Saison: Die Mahonie blüht von März bis Mai.

Die Mahonie macht keinen Ärger. Gut, strengen Frost verträgt sie nicht gut. Hier zeigt sich ihre Herkunft. Die Mahonie stammt aus dem Nordosten des amerikanischen Kontinents und ist evolutionär an das gleichmäßig kühle nordpazifische Klima angepasst. Wenn es zu kalt wird, verliert der immergrüne Strauch seine Blätter – seltsamerweise in der Regel die, die von der Sonne beschienen werden. Aber da die Mahonie vor allem in Städten gepflanzt wird, wo der Frost meist nicht so streng ist und die Pflanze sich auch schnell regenerieren kann, ist das auch kein wirkliches Problem. Ansonsten ist die Mahonie außerordentlich robust, etwa was Trockenheit, Luftverschmutzung oder magere Böden anbelangt. Mit dieser Eigenschaft wurde sie zu einem der beliebtesten Ziersträucher in Parks, auf Friedhöfen, an Gehwegen oder auf Verkehrsinseln: Überall dort, wo es nicht mehr Pflege gibt als maximal einen Schnitt im Jahr, steht die Mahonie genau richtig.

Dieser Strauch gehört zu den schön anzusehenden Gewächsen. Das liegt an den Blättern. Die wirken mit ihrer auffallend dunkelgrünen Farbe und ihrer scheinbar lackierten Oberfläche sehr dekorativ, gerne werden sie zum Beispiel auch in Weihnachtsgestecken verflochten. Allerdings haben sie am Blattrand eine Reihe kleiner Stacheln. Die können nicht, wie etwa die Dornen der Rosen, Wunden reißen. Aber sie pieksen doch unangenehm, was der gesamten Pflanze eine widrige Aura gibt. Die Mahonie ist Dekoration, sie möchte nicht, dass man ihr zu nahe kommt.

Dabei hat sie – jenseits ihrer Eigenschaft als Heckengewächs – durchaus Nutzwert. Ab Anfang März blüht sie. Ehe die Blüten in dicken, gelben, stark süß riechenden Trauben zu bewundern sind, haben sie eine seltsam knollige Form, die gleichermaßen an Brokkoli wie an Blumenkohl erinnert. Aus den Blüten reifen dann im Laufe des Jahres violette Früchte, die aussehen wie sehr kleine, sehr edle Weintrauben. Sie schmecken süß, säuerlich und

interessant bitter. Den Ureinwohnern Nordostamerikas waren sie wichtiger Vitaminlieferant. Noch heute wird in Oregon daraus Saft, Wein, Branntwein und Marmelade hergestellt. Bei uns werden sie so gut wie nicht verwertet, was wohl daran liegt, dass die Mahonie in Mitteleuropa erst eingebürgert wurde, als es nicht mehr nötig war, alle essbaren Früchte auch wirklich zu sammeln. Hinzu kommt ein berechtigtes kulinarisches Misstrauen gegenüber exotisch aussehenden Ziersträuchern, die oft giftig sind. Die Mahonie enthält zwar auch das leicht giftige Alkaloid Berberin; das ist in den Beeren aber in so geringer Menge vorhanden, dass sie harmlos sind. Sie eignet sich also bestens dazu, botanische Laien zu erschrecken. Man muss sich einfach nur einige der verdächtigen Früchte in den Mund stopfen. Dabei tritt ein tiefvioletter Pflanzensaft aus, der Zunge und Lippen schön in der Farbe von Venenblut färbt.

- Wegen ihrer Trauben und weil man aus ihr auch Wein machen kann, heißt die Mahonie in den USA auch »Oregon Grape«.

- Die Blüten haben den seltenen Mechanismus der reizbaren Staubblätter. Schon bei schwacher Berührung schnellen sie blitzartig in Richtung Narbe. Auf diese Weise wird sichergestellt, dass der Bestäuber auch wirklich Pollen abbekommt.

- Die Beeren der Mahonie wurden früher zum Violettfärben von Wolle verwendet, aus der Wurzel gewann man gelbe Farbe.

- Das Alkaloid Berberin kann zur Bekämpfung von Schuppenflechte und entzündlichen Hautkrankheiten eingesetzt werden.

Stinkende Nieswurz

Name: Helleborus foetidus, Stinkende Nieswurz, Familie: Hahnenfußgewächse. Saison: Die Stinkende Nieswurz blüht ab Ende Februar. Die noch geschlossenen Blüten bilden sich schon im Herbst.

Die Stinkende Nieswurz ist eine Pflanze, über die man stutzt. Vorher muss man sie aber erst einmal bemerken. Ursprünglich beheimatet in lichten Laubwäldern, wird sie heute auch als Zierpflanze geschätzt und ist in Parks und Gärten zu finden. Sie ist ein etwa hüfthoher Busch mit sehr dunkelgrünen, handförmigen Blättern, die auch im Winter nicht abfallen. Das Besondere an der Stinkenden Nieswurz aber sind die auffälligen Blüten: In dichten Büscheln hängen runde Glöckchen zusammen, die etwa so groß sind wie Köpfe von Playmobil-Figuren. Das Problem ist nur, dass sie in einer Art Tarnanzug stecken – denn sie sind grün. Das Ziel jeder Blüte ist es, Aufmerksamkeit der Bestäuber zu erregen. Das passiert vor allem über Duftreize und in zweiter Linie über die Farbe. Grüne Blüten sind im Pflanzenreich deshalb eine strikte Ausnahme, weil sie von Blättern nur schwer zu unterscheiden sind. Genau das aber ist die Besonderheit der Stinkenden Nieswurz: Hier gibt es einen botanisch sehr seltenen fließenden Übergang von den handartigen, dunkelgrünen Laubblättern über hellere, einfingrige sogenannte Hochblätter, die oben an den Stängeln sitzen, bis hin zu gelblich grünen Blütenblättern. Während bei anderen Blühpflanzen Laub- und Blütenblätter morphologisch und farblich völlig unterschiedlich sind, hat die Nieswurz eine Art Blätterbausatz. Ein bisschen Farbe leisten sich die Blüten dann aber doch: An älteren Exemplaren bildet sich ein dünner, dunkelroter, manchmal fast schwarzer Rand, der die auffällig-unauffällige Exzentrik dieser Pflanze wie mit einem Lineal unterstreicht.

Worüber man bei der Stinkenden Nieswurz noch stutzt, ist der Name. Der ist zum Teil selbsterklärend. Die Pflanze riecht nicht gut. »Stinkend« ist etwas übertrieben, sie gehört nicht etwa zu jenen Pflanzen, die Fäkal- oder Fäulnisgerüche imitieren, um damit Bestäuber mit sehr speziellen Vorlieben zu locken. Der Gestank der Nieswurz schreckt nicht, er ist nur unangenehm krautig. Berührt man die Blätter,

möchte man sich nachher schnell die Hände waschen. Der zweite Teil - Nieswurz - verweist darauf, dass die pulverisierten Wurzeln aller Nieswurz-Gewächse einen starken Niesreiz auslösen, wenn sie geschnupft werden. Bis ins 19. Jahrhundert würzte man damit Schnupftabak. Aber auch medizinisch wurde die Nieswurz genutzt: Seit der Antike wurden Nieswurz-Arten gegen allerlei Leiden eingesetzt, etwa bei Epilepsie oder Geisteskrankheiten. Allerdings musste hier äußerst sorgfältig dosiert werden, denn die Nieswurz ist stark giftig. Das zeigt auch schon ihr antiker Name: Helleborus setzt sich zusammen aus den griechischen Wörten »bora« - Nahrung - und »helein« - Töten.

• Eng verwandt mit der Stinkenden Nieswurz ist Helleborus niger, die Schwarze Nieswurz, ebenso Christ- oder Schneerose genannt. Sie ist auch eine beliebte Schnittblume, die schon ab Dezember gekauft werden kann.

Tulpe

Name: Tulipa gesneriana, Gartentulpe, Familie: Liliengewächse. Über 300 Zuchtsorten.

Saison: Tulpen blühen von Anfang April bis Mitte August.

»Semper Augustus« - »stets erhaben«: Schon der Name dieser Tulpe signalisierte Außerordentliches. In der zweiten Hälfte des 17. Jahrhunderts war die Semper Augustus der botanische Fixstern. Keine Blume war teurer und begehrter, keine galt als so edel wie diese Tulpe, deren purpurrote Blütenblätter von strahlend weißen Flammen durchzogen waren. Dabei kannte kaum ein Zeitgenosse die Semper Augustus aus eigener Anschauung, es kursierten nur Gerüchte über deren Schönheit. Alle Pflanzen - es waren nicht mehr als 20 - befanden sich in der Hand eines anonymen Liebhabers. Heute weiß man, dass es Adriaan Pauw war, der steinreiche Direktor der Niederländischen Ostindien-Kompanie, und der hütete die Zwiebeln wie seine Augäpfel. Lang sollte er sich daran aber nicht erfreuen.

Tulpen wachsen in etwa 150 Arten zwischen Spanien und Zentralasien, sie wurden schon im 9. Jahrhundert am persischen Hof als unentbehrliche Gartenpflanzen kultiviert. Aus dem Persischen stammt auch ihr moderner Name: Ein französischer Diplomat führte die Blumen im 16. Jahrhundert am Wiener Hof ein und berichtete, dass die kegelige Form ihrer geschlossenen Blüte an den »Tulbend« erinnere, den persischen Turban. Wie ein Strohfeuer entbrannte die Liebe der Europäer zu den Liliengewächsen - vor allem in den Niederlanden, in deren nährstoffreichen und leichten Sandböden Tulpen besonders gut gedeihen. Mit der Liebe stieg auch der Wert. Heute dient die »Tulpenmanie« der 1630er Jahre Wirtschaftswissenschaftlern als erstes Beispiel für eine Spekulationsblase. Der Preis für einzelne Zwiebeln stieg stetig - in Erwartung eines bald noch höheren Verkaufspreises.

Was die Menschen damals für die Tulpen so einnahm, macht auch heute noch ihren Reiz aus. Trotz aller verfeinerten Farbenpracht sind Tulpen sehr einfache Blumen. Die Blüte besteht nur aus wenigen Blättern. Die Geschlechtsorgane, die Staubfäden und die klebrige, dreilappige Narbe sind deutlich sichtbar. Alles an der Tulpe wird auch vom botanischen Laien unmittelbar verstanden. Aus einer Zwiebel, die man im Herbst vergräbt, sprießt im nächsten Jahr genau eine neue Tulpe. Kein komplizierter Beschnitt, keine Veredelung sind notwendig, selbst Kinder können Tulpen pflanzen. Vor allem aber fasziniert die Energie der Tulpe. Gespeist durch das unterirdische Kraftwerk der Zwiebel, schiebt sich die pfeilförmige, fleischige Pflanze durch die frühlingskühle, feuchte Erde. Täglich kann man ihr beim Wachsen zusehen. Vielleicht ist die simple Vitalität der Tulpe auch der Grund, wieso diese Blume eine der ersten ist, die in der abendländischen Kunst auftaucht. Im Neuen Museum in Berlin ist eine zypriotische Vase aus dem 8. Jahrhundert v. Ch. zu sehen. Darauf befindet sich – völlig untypisch – kein Gott oder Krieger, sondern ein Mann mit weit aufgerissenen Augen, der an einer gigantischen Tulpe schnuppert, vermutlich handelt es sich um die Art Tulipa cypria. Das Besondere an der Darstellung: Über der Blüte ist ein kleines, pfeilartiges Gebilde zu sehen, das in seiner Abstraktheit in starkem Kontrast zum Naturalismus der Abbildung steht. Was sollte das anderes sein als der symbolisierte Duft der Tulpe – ein herb-würziger Geruch, der an Pfeffer oder Safran erinnert?

Zum Höhepunkt der Tulpenmanie war es nicht der Duft, sondern die Schönheit der Blüten, die die Menschen becircte. Am begehrtesten waren die sogenannten durchbrochenen Blumen. Dabei handelt es sich um eine Variation der Blütenblätter, die – von einer Generation zur nächsten – plötzlich längs gesprenkelt sind. Niemand wusste, wodurch die unverhoffte Verwandlung ausgelöst wurde, also experimentierten Gärtner mit einer Menge Hokuspokus. Man säuerte die Erde an, »düngte« sie mit zerbröseltem Mörtel oder bestreute sie mit Farbpigmenten. Doch die Ergebnisse blieben unberechenbar. Dann spross im Garten Adriaan Pauws die Semper Augustus. Die wenigen Tulpenliebhaber, die sie sahen, waren sich einig, die Schönste aller Blumen vor sich zu haben. Als doch einmal eine Zwiebel zum Verkauf angeboten wurde, erzielte sie einen Rekordpreis von 13 000 Gulden – den Wert eines prächtigen Stadthauses an einer der Grachten Amsterdams.

Heute können durchbrochene Tulpen gezüchtet werden. Die vogelwilden, bunt gefiederten Papageientulpen lassen ahnen, was den Niederländern im 17. Jahrhundert so den Kopf verdrehte. Damals aber kamen die begehrten Mutationen durch eine Erkrankung zustande. Der Mosaikvirus – der erste entdeckte und erforschte Virus – sorgt bei Tulpen dafür, dass sich die Blütenblätter pittoresk verfärben. Allerdings ist diese Verfeinerung teuer erkauft. Von Jahr zu Jahr schwindet die Lebenskraft der Blumen. Die Stiele werden kürzer und dünner, die Blüten kleiner, ebenso die Zwiebeln. Ein Stamm durchbrochener Tulpen stirbt nach wenigen Generationen unweigerlich aus. So ging es auch der Semper Augustus, der teuersten Blume aller Zeiten. Von ihr erhalten blieb nur der Name und zwei Stillleben, auf denen sie als Prachtstück in einem Bouquet zu sehen ist.

Ungefüllte Tulpen haben sechs Blütenblätter.

- Nach jahrzehntelangen Versuchen gelang es vor einigen Jahren, die erste schwarze Tulpe namens »Paul Scherer« zu züchten.
- Tulpen sind die einzigen Schnittblumen, die noch in der Vase weiterwachsen.

Kaiserkrone

Name: Fritillaria imperialis, Kaiserkrone, Familie: Liliengewächse.

Saison: Die Kaiserkrone blüht ab Ende März.

Die Kaiserkrone ist eine altmodische Pflanze. Das fängt schon beim Namen an. Auch ein Gasthaus mit vergilbten Gardinen und »gutbürgerlicher« Küche könnte so heißen. Einst sollte der Name für die Erhabenheit dieser Pflanze stehen: Die Kaiserkrone herrscht über alle anderen Blühpflanzen. Das liegt an ihrem Wuchs. Wie Tulpen, Narzissen und Gartenhyazinthen kommt die Kaiserkrone Ende März, Anfang April aus der noch kühlen, weichen Erde. Sie wächst jedoch viel schneller, und bald überragt sie alle anderen Frühjahrsblumen. In Beeten wird sie daher traditionell – als absolutistischer Herrscher über den Häuptern des Plebs – in der Mitte gepflanzt. Aus dichtem Laub kommt ein langer, dünner, sehr stabiler Stängel hervor. An dessen Spitze hängt ein Kranz farbenprächtiger Blüten – würdevoll wie kleine Kirchenglocken. Und als würde das nicht schon reichen, hat die Kaiserkrone auch noch eine Frisur: spitze Blätter, die auf dem Blütenkranz sitzen. Das ganze Gebilde sieht aus wie eine schräge Kreuzung aus Palme und Ananas. Man hört quasi noch die »Ahs« und »Ohs«, mit denen sie in Schlossgärten des 19. Jahrhunderts sowie in den gestutzten Parks der jungen BRD bejubelt wurde. Heute wirkt die Kaiserkrone unnahbar und fremd. Und zwar nicht nur wegen ihres schlecht erreichbaren Standortes in der Mitte von Beeten. Ihre ganze Erscheinung ist pfauen-, wenn nicht geckenhaft. Sie will nicht berührt, sie will bewundert werden.

Und doch lohnt es sich, dieser hochherrschaftlichen Pflanze nahe zu treten. Zum einen zeigt sich erst dann ihre ganze Macht. Bis zu vier etwa einen Meter hohe Stängel können aus einer alten, großen Zwiebel wachsen, und das tun sie mit urtümlicher und für unsere Breiten doch ganz untypischer Gewalt und Geschwindigkeit. Der Botaniker und Pflanzenmystiker Christian Grunert schreibt über sie: »Die dicken Sprösslinge muten an, als würden sie aus mit besonderen Energien geladenen Kammern hervorgestoßen werden.« Ein weiteres Charakteristikum, das auch nur in unmittelbarer Nähe der Kaiserkrone auffällt, ist ihr Geruch oder eher: Gestank. Die Kaiserkrone riecht stechend, herb und rüde, nach Löwengehege und der Paarung großer Tiere. Und wie gut passen zu dieser animalischen Aura, die die Pflanze umgibt, ihre Blüten. Da sie ganz zurückhaltend den Kopf hängen lassen, muss man sie nach oben wenden, um in sie hineinblicken zu können. Dann erst zeigt sich ihre fremdartige Pracht. Zum einen ist die Farbe irritierend. Orange trifft es nicht ganz, eher ist es ein leuchtendes Braun. Das aber ist von dunklen, fast violetten Adern durchzogen. Die leicht transparenten Blüten wirken so gar nicht floral, sondern sehr fleischlich. Sie erinnern unmissverständlich daran, dass Blüten Geschlechtsorgane sind.

- Die Urheimat der Kaiserkrone ist die südliche Türkei. Über Gesandte des Wiener Hofs in Konstantinopel kamen erste Zwiebeln bereits 1525 nach Europa.

- Im 17. und 18. Jahrhundert galt die Kaiserkrone als edelste Pflanze im Garten. Der Frühaufklärer Barthold Heinrich Brockes widmete ihr sogar ein Gedicht, an dessen mahnendem Ende er sich auf die »Frisur« der Pflanze bezieht: »Auf dieser Blumen Kronenspitzen / Sieht man ein Büschel Gras nicht ohn Bedeutung sitzen. / Ach dächten doch die Großen dieser Erde Bei dieser Blum' an ihre Flüchtigkeit, / Und dass auch Gras nach kurzer Zeit. / Gekrönte Häupter decken werde!«

Rhododendron

Name: Rhododendron (Gattung), zahlreiche Arten, unzählige Zuchtsorten, Familie: Heidekrautgewächse.

Saison: Die ersten Rhododendren blühen ab Ende April.

Für viele Gärtner ist der Rhododendron die Vollendung ihrer Kunst, das gehegte Schmuckstück im gestutzten Grün. Die Pflanze mutet denn auch an wie aus einer Rosamunde-Pilcher-Verfilmung: Die ledrigen, dunkelgrünen Blätter der meisten Arten wirken mit ihrer matt glänzenden Oberfläche wie gerade abgestaubt. Die Blüten sind auf den großen Effekt aus: Sie stehen in dichten Büscheln und Kugeln. Bei genauem Hinsehen sind sie durchaus filigran, am oberen Kronblatt zeigt sich meist eine feine Tigerung. Ausgesprochen schön sind die noch geschlossenen Knospen. Sie erinnern an die Spitze eines riesenhaften Spargels, in der sich, zusammengefaltet wie feine Taschentücher, die bunten Blütenblätter verstecken. Das und die feine Behaarung verleihen der Knospe ein sehr exotisches, beinahe außerirdisches Aussehen.

Aber Rhododendren werden nicht aus der Nähe studiert, sie sind Kulissenelemente in einem gepflegten Garten: Sie bilden den Rahmen für kurz geschnittenen englischen Rasen. Überhaupt kann man sich Rhododendren vor allem in englischen Gärten vorstellen. Allein schon ihr Farbspektrum – Weiß, Rosa, Zartblau, helles Violett – erinnert an die Garderobe von Queen Mom. Auch ist der Rhododendron ein überaus sensibler Zeitgenosse. Kälte verträgt er nicht, zu starke Sonne aber auch nicht. Mit Nieselregen kommt er hingegen bestens klar, zumindest solange sich die Nässe nicht staut. Kurz: Als Zierstrauch in den Gärten englischer Cottages fühlt er sich pudelwohl. Auch an den Boden hat er hohe Ansprüche – nicht zu sauer, nicht zu basisch! –, außerdem duldet er nur die Gemeinschaft sehr weniger ausgesuchter und nicht zu aufdringlicher Gewächsgenossen. Am liebsten aber hat er die Alleinlage, »splendid isolation« eben.

Das alles macht den Rhododendron unnahbar. Dazu passt, dass die meisten der als Gartenpflanzen angebauten Rhododendronarten sehr giftig sind. Dabei weisen sie eine Besonderheit

auf: Giftigkeit als Schutzmechanismus ist im Pflanzenreich weit verbreitet, dafür reicht es jedoch meist, dass Blätter, Rinde oder unreife Früchte giftig sind. Bei Rhododendren ist das hochgiftige Andromedotoxin auch im Nektar der Blüten enthalten. Für Bienen ist das anscheinend kein Problem. Aber für Menschen. Seit dem Altertum sind Vergiftungsfälle durch Rhododendron-Honig bekannt – obwohl dieser gallig bitter schmeckt. Im Viktorianismus war man sich der Doppelnatur des Rhododendrons wohl bewusst: Aus der Ferne sieht er aus wie rosa gefärbte Zuckerwatte, doch sein wahres Wesen ist Giftigkeit. In der viktorianischen Sprache der Blumen stand er denn auch für: »Sei auf der Hut!«

- Die meisten heute in Gärten angepflanzten Rhododendren stammen aus Ostasien. Aber auch die heimischen Alpenrosen gehören zur Gattung der Rhododendren.

- Rhododendron heißt wörtlich Rosenbaum. Der Name ist seit dem Altertum geläufig, die antiken Autoren bezeichneten damit jedoch meist den Oleander.

- Bis heute ist es üblich, einige Rhododendron-Arten als »Azaleen« zu bezeichnen. Der Name leitet sich vom griechischen »azaléos« für trocken, dürr ab und wurde von Carl von Linné vergeben. Die Linné'sche Gattung der Azalea wurde jedoch 1834 von dem englischen Botaniker George Don mit den Rhododendren vereinigt.

05

Mai

Löwenzahn

Name: Taraxum sect. Ruderalia, Gewöhnlicher Löwenzahn, Familie: Korbblütler.

Saison: Der Löwenzahn blüht im April und im Mai. In sehr viel geringerer Zahl blühen einzelne Pflanzen dann noch einmal im September.

Der Spruch »Das ist kein Pappenstiel« wird verwendet, um etwas Schwieriges zu bezeichnen – nach dem Motto: ohne Fleiß kein Preis. Ein Pappenstiel ist demnach etwas sehr Minderwertiges. Ursprung dieser Redensart ist wahrscheinlich eine alte norddeutsch-niederländische Bezeichnung des Löwenzahns: Pappelblume. Der hohle, brüchige Stiel des Löwenzahns ist bekanntlich nicht sonderlich stabil. Mit einem gezielten Tritt kann man den Blütenkopf weit fliegen lassen. Ein weiterer Grund für die Abwertung des Pappenstiels liegt darin, dass er bei Bauern nicht sonderlich beliebt war. Kaninchen schätzen zwar die gezackten Blätter, Kühe fressen ihn auch gerne frisch, aber ansonsten gilt er nur als mittelgutes Futter. Heu mit viel Löwenzahn wird bröselig und bekommt vielen Tieren nicht gut.

Und wie es immer läuft: Das wenig Geschätzte wuchert. So auch der Löwenzahn. Keine Wiesenpflanze ist so vital wie er. Besonders überdüngte Flächen liebt er. Seine Pfahlwurzel reicht bis zu zwei Meter ins Erdreich und damit tiefer als so mancher Baum. Schneidet man den Stängel ab, treiben aus der Wurzel mehrere neue Blüten nach, dem mythologischen Wesen Hydra gleich, dem für einen abgeschlagenen Kopf zwei neue wachsen. Auf Rasen ist das oft zu beobachten: Gärtner mähen verzweifelt den Löwenzahn ab, doch bald schon wuchern neue, sehr kurzstängelige Blüten. Selbst wenn der Löwenzahn direkt über dem Boden gekappt wird, wächst er nach – und zwar zur Strafe mit mehreren Blattrosetten. Andere Wiesenpflanzen verdrängt er gerne, indem er sie mit seinen labbrigen, großen Blättern verdunkelt (Botaniker nennen diese Form der floralen Kriegsführung »Überkriechungsstrategie«). Aber nicht nur mit anderen Pflanzen nimmt es der Löwenzahn gerne auf. Er keimt auch in noch so kleinen Rissen im Betonboden und schafft es dann mit sanfter Kraft, diesen regelrecht aufzubrechen.

Die ungewöhnliche Vitalität des Löwenzahns zeigt sich schon in seiner Fortpflanzung. Eigentlich ist es falsch, bei den dottergelben Blütenständen des Löwenzahns von einer Blüte zu sprechen. Botanisch betrachtet handelt es sich um eine Scheinblüte, die sich aus Hunderten einzelner Blütenröhren zusammensetzt. Die öffnen sich im Laufe mehrerer Tage ringförmig von innen nach außen. Nachts, bei Kälte, Trockenheit oder Regen schließt sich der Blütenstand, um die Erbanlagen zu schützen. Da die Blüten, die einen dezent süßen Geruch nach Bienenwachs verströmen, sehr stark UV-Licht reflektieren, werden sie von Bienen, deren Augen darauf spezialisiert sind, besonders leicht erkannt und gern besucht. Aber eigentlich braucht der Löwenzahn die Bestäuber gar nicht. Er verfügt über die Fähigkeit der Apomixis, der Jungfernzeugung. Das bedeutet, dass funktionsfähige Samen auch ohne Befruchtung der Eizelle gebildet werden können - auf diese Weise entstehen Klone der Mutterpflanze. Schon nach wenigen Tagen sind die Samen ausgereift. Der Löwenzahn öffnet sich ein zweites Mal, nun als Pusteblume. Und auch hier zeigt sich wieder die evolutionär erworbene Tüchtigkeit dieser Pflanze. Über dem Samen befindet sich ein langer Stiel, an dessen Ende der Pappus sitzt, ein Haarkranz. Das Gebilde ist so leicht, dass es von Thermiken mehrere hundert Meter in die Luft emporgehoben werden kann. Diese warmen Luftströme bilden sich über trockenem Boden; über feuchten Wiesen - also einem guten Ort zum Keimen - sinkt der Löwenzahnsamen ab. Bis zu zehn Kilometer kann er zurücklegen. Regnet es bei Samenreife, verwandelt sich der Pappus in eine Art Schwimmer und zieht den Samen auf kleinen Rinnsalen hinter sich her. Und da auch noch Ameisen die Samen gerne verschleppen - man spricht hier von »Speicherausbreitung« -, verfügt der Löwenzahn über die maximale Verbreitungsstrategie. Kein Wunder, dass er so wuchert.

Wertlos ist er deswegen aber mitnichten. Aus den Löwenzahnblüten lässt sich ein köstlicher Sirup, in Frankreich Cramaillotte genannt, kochen, den man wie Honig aufs Brot schmieren oder verdünnt als Limonade trinken kann. Extrakte aus dem Löwenzahn

Pusteblumen, nach der gelben Blüte die
zweite Sensation des Löwenzahns.

könnten – so zeigten Versuche – eine hemmende Wirkung auf Krebszellen haben. Vor allem aber könnte aus Löwenzahn bald Gummi hergestellt werden. Reißt man den Stängel der Blume ab, tritt ein milchiger, leicht nach Honig duftender Saft aus. Man kann sich damit Muster auf den Handrücken malen, zuerst trocknet der Milchsaft zu einer farblos glänzenden Schicht, diese färbt sich dann im Laufe mehrerer Stunden dunkelbraun. Sie lässt sich nicht abwaschen, sondern nur wegrubbeln, wobei kleine Krümel entstehen, die denen eines benutzten Radiergummis nicht unähnlich sind. Das liegt daran, dass im Saft des heimischen Löwenzahns etwa ein Prozent Kautschuk enthalten ist. Die zentralasiatische Zuchtvariante Kok-Saghyz enthält sogar bis zu zehn Prozent, weshalb der Reifenhersteller Continental gerade erforscht, ob die Pflanzen im großen Maßstab zur Gummiproduktion eingesetzt werden können. Die steigenden Preise des Kautschuks, aber auch die ökologische Problematik seiner Ernte – er entstammt großen Plantagen im Regenwald –, würden dies sehr wünschenswert machen. All das macht klar: Der Löwenzahn ist alles andere als ein Pappenstiel.

- Der Löwenzahn enthält Wirkstoffe, die harntreibend sind. In Schwaben wird er deshalb auch »Bettseicherle« (»Bettpisser«) genannt.

- Die englische Bezeichnung »dandelion« hat ihre Wurzeln im französischen Namen des Löwenzahns: »dent de Lion«.

- Zahlreiche Teile des Löwenzahns sind kulinarisch verwertbar. Aus den jungen Blättern kann man einen leicht bitteren Salat machen. Die noch geschlossenen Blüten können wie Kapern mariniert werden. Aus den Wurzeln wurde früher ein Kaffeeersatz geröstet.

- Legt man gesplissene Löwenzahnstängel in Wasser, kräuseln sie sich sehr schnell zu kleinen Locken. Der Effekt beruht darauf, dass die Zellen auf der Innenseite des Stängels sehr viel Wasser aufnehmen können und sich dann stark ausdehnen.

- Man kann den Löwenzahn als Tröte benutzen: Man drückt ein etwa 15 cm langes Stück Stängel an der einen Seite flach, so dass es spleißt. Dieses Ende nimmt man in den Mund und bläst fest hinein.

Birke

Name: Betula pendula, Hängebirke, Familie: Birkengewächse. Andere Arten: Betula pubescens, Moorbirke; Betula nana, Zwergbirke.

Saison: Das Birkenlaub treibt ab April aus. Im Mai sind Birken mit ihren hellgrünen Blättern am schönsten.

Auch wer sonst keinen Baum beim Namen nennen kann, erkennt die Birke. Ihre weiße, papierartige Rinde mit den länglichen, »Korkwarzen« genannten Lamellen lässt sich in breiten Streifen abziehen. Sie brennt rasch und mit gelber Flamme, wobei ein schwarzer Rauch entsteht, dessen Geruch an verbranntes Öl erinnert. Mit einer Handvoll Birkenrindenfetzen lässt sich schnell ein Feuer entfachen.

In Europa wächst die Birke vor allem in zwei Arten. Die Hängebirke mit ihrem wehenden Laub bevorzugt trockene Böden, sie ist die Birke, die man am häufigsten sieht: in Städten, in Wäldern, aber auch im Gebirge. Die Moorbirke wächst in sumpfigem Gebiet, ihre Äste stehen besenartig nach oben, die jungen Zweige sind mit einem weichen Flaum überzogen. Beide Arten zeichnen sich durch eine außergewöhnliche Vitalität aus. Die Hängebirke ist der wichtigste Pionier unter den Bäumen. Wo auch immer die kleinen, pfeilförmigen Samen angeweht werden, gehen sie auf: auf trockenen, sandigen Böden genauso wie in Regenrinnen oder auf marodem Mauerwerk. Die Moorbirke trotzt auch strengstem Frost, ihre Verbreitung reicht bis zur subarktischen Baumgrenze im hohen Norden. Birken wachsen sehr schnell, ihr Holz ist dennoch zäh und hart. Und noch für einen anderen Zweck lassen sie sich nutzbar machen: Birken haben sehr hohen Flüssigkeitsumsatz, das weit verzweigte Wurzelwerk ist in der Lage, bis zu 500 Liter pro Tag aufzunehmen. Zapft man jetzt, nach der Schneeschmelze, die Birke an, tritt ein süßer Saft aus, der so leicht und frisch schmeckt wie ein kühler, aber klarer Frühlingstag.

Die Nutzung von schnell wachsendem Holz und süßem Saft erklärt jedoch nicht die enorme Bedeutung, die der Birke über Jahrtausende durch die Menschen zuteilwurde. Wie kein zweiter Baum in der nördlichen Hemisphäre war die Birke kultisch besetzt.

In den schamanischen Kulturen Asiens und Nordosteuropas galt die Birke als Weltenbaum, der die Unterwelt, das Diesseits und die himmlischen Sphären miteinander verbindet. Bei tatarischen Völkern mussten junge Schamanen eine Trommel aus Birkenrinde fertigen, die sie ein ganzes Leben lang begleitete. Der Grund dafür verbarg sich in folgender Symbiose: Fliegenpilze können nur über Fichten- oder Birkenwurzeln wachsen. Da die Schamanen den stark halluzinogenen Pilz für ihre Jenseitsreisen nutzten, waren dessen Wirtswälder heilig.

Bei Kelten, Germanen wie Slawen galt die Birke als Symbol für die Geburt der Welt sowie für den Beginn des neuen Jahreszyklus. Birken kamen in etlichen Fruchtbarkeitsritualen zum Einsatz, und bis in die Gegenwart gibt es die Tradition des Maibaums, bei der sich junge Männer ihrer Geliebten mit einer jungen Birke offenbaren. All diesen Traditionen gemein ist, dass die Birke für Vitalität, für das Neue und für Licht steht. Die katholische Kirche – schwammartig, wie sie ist – verleibte sich diesen Glauben kurzerhand ein: In der Liturgie von Fronleichnam und Mariä Lichtmess spielt Birkenreisig als Deko-Element eine wichtige Rolle.

Aber es gibt auch eine dunkle Seite der Birke. Im Mittelalter wurde der Baum immer wieder mit schwarzer Magie in Verbindung gebracht. Zwar sollte die Birke auch gegen Verhexung schützen – wurde einem Mann Impotenz angezaubert, musste er nur durch einen Kranz aus Birkenlaub pinkeln und schon war es wieder gut. Aber auch die Hexen selbst ritten angeblich auf Birkenbesen durch die Luft. Vielleicht nährten wieder die Fliegenpilze diesen Glauben. Ein anderer möglicher Grund wäre, dass die lebenskräftige Birke eine alte Verbindung zur Sphäre der Macht hat.

Die römischen Liktoren – symbolische Wächter des Kaisers und des Imperiums – trugen bei Triumphzügen »fasces« über der Schulter: Rutenbündel, in denen eine Axt steckte. Die »fasces« standen für Macht und Gewalt des Reiches. Das lateinische Wort für Phallus – »fascinus« – geht auf denselben Wortstamm zurück. Sowohl der Faschismus als auch die Faszination leiten sich von »fasces ab«.

Deren Rutenbündel mussten aus Birke sein. Birken mussten es auch sein, mit denen gezüchtigt wurde. Im Jahr 1849 beklagte sich der Gouverneur der ukrainischen Stadt Cherson bei der Regionalregierung in Kiew darüber, dass im ganzen Gouvernement keine Birken wüchsen – und somit Verbrecher nicht der öffentlichen Prügelstrafe unterzogen werden könnten. Die Verwaltung in Kiew veranlasste, jährlich 26 000 Bündel Ruten zu schicken.

Das Schlagen mit Birkenruten ist bis heute noch üblich. Es gehört zum estnischen und finnischen Sauna-Ritual, sich mit Birkenbüscheln sowohl zu peitschen als auch Birkensud auf den heißen Steinen damit zu verteilen. Erst beim Verdampfen des Aufgusses aus jungem Reisig breitet sich der spezifische Geruch der Birke aus: Ein grünlich spitzer, zugleich aber auch nussiger, an Herbstlaub erinnernder Duft ist es, den man meint zu kennen, auch wenn man ihn das erste Mal wahrnimmt. Eine altertümliche Medizin könnte so riechen, und doch verbreitet der Duft sofort eine sanfte, warme Stimmung.

Das Gleiche gilt natürlich für die Birke an sich. Selbst in der Nacht hat sie, im Gegensatz zu anderen Bäumen, nichts Unheimliches. Nikolaus Lenau, der traurigste aller Romantiker, ließ sich von

ihr trösten: »Ich sah in bleicher Silbertracht / Der Birken Stämme prangen // Als wäre d'ran aus heller Nacht / Das Mondlicht blieben hangen.« Die im Wind rauschenden Zweige der Hängebirke erinnern an wehendes Haar; im Frühsommer flirren die hellgrünen Blätter mit ihren metallisch glänzenden Unterseiten im Sonnenschein; im Herbst strahlt das Laub weithin goldgelb. Das ganze Jahr über ist die Birke ein lichter Baum, nie ist der Boden unter ihr schattig. Hell und warm ist auch das kaum gemaserte Holz. Spätestens seit den 1990er Jahren ist es das Material der Wahl für den aufgeräumten, cleanen Look des skandinavischen Designs, als Furnier des Billy-Regals verstaubt es in Millionen Wohnzimmern.

Und doch haftet an der Birke noch immer etwas von dem andersweltlichen Erbe, ist sie noch immer der unheimlich-schöne Lichtbaum, der sie seit jeher war. Vielleicht wird das nirgends deutlicher als in dem albernen, doch herrlichen Schüttelreim, mit dem Martin Kippenberger einst eine Ausstellung benannte: »Jetzt geh ich in den Birkenwald / denn meine Pillen wirken bald.«

- Trotz ihres schnellen Wachstums ist Birkenholz hart und zeichnet sich durch eine hohe Elastizität aus. Auch frisch geschlagenes Birkenholz brennt.

- Verschwelt man Birkenrinde bei etwa 400 Grad Celsius in einem geschlossenen Behälter, entsteht zunächst Birkenteer, der zu Birkenpech gekocht werden kann – seit der Steinzeit ein Universalwerkstoff, der etwa zum Kleben oder Dichten verwendet wurde.

Waldmeister

Name: Galium odoratum, Waldmeister, auch: Wohlriechendes Labkraut, Gattung: Labkräuter.

Familie: Rötegewächse. Saison: Der Waldmeister blüht ab Anfang Mai.

Wie schmeckten die 1970er Jahre in Deutschland? Auf diese Frage gibt es nur eine Antwort: nach Waldmeisteraroma. Die Idee der Künstlichkeit wurde erst in den 1980er Jahren von der Ökologiebewegung diskreditiert, in der Dekade zuvor durfte es noch bunt, grell und plastikhaft zugehen. Nichts anderes ist Waldmeisteraroma. Alles daran ist reine Chemie, ein klarer, grüner, komplett unorganischer Geschmack. 1973 brachte Langnese »Dolomiti« auf den Markt – und auch wenn die grüne Waldmeisterbasis unter der roten Kirschschicht und den weißen Zitronenspitzen nur eines von drei Elementen ist, bestimmt sie in ihrer scharfen Künstlichkeit doch ganz und gar den Geschmack des legendären Wassereises. Waldmeisteraroma, das ist Wackelpudding, überdrehter Kindergeburtstag auf Zuckerflash und Proletarierglück angesichts einer Berliner Weiße mit Schuss. Künstliches Waldmeisteraroma ist toll – und hat absolut nichts zu tun mit dem Geschmack des echten Waldmeisters.

Das ist ein knöchelhohes Kraut mit sternförmigen Blättern. Wer es pflückt, wird zunächst außer einem typisch krautigen Pflanzenaroma nichts Besonderes riechen. Das liegt daran, dass der spezifische Waldmeistergeruch erst entsteht, wenn die Pflanze welkt. Durch Oxidation bildet sich dann die aromatische Verbindung Cumarin. Wenn man sie riecht, ahnt man, wo künstliches Waldmeisteraroma hinwollte, dabei aber irgendeine falsche Abfahrt nahm. Cumarin ist einer der komplexesten pflanzlichen Düfte, die es gibt. Das liegt an den verschiedenen Assoziationsräumen, die der Geruch öffnet. Einer der ersten Gedanken, der einem in den Sinn kommt, ist: Heu. Das liegt daran, dass sich die Substanz nicht nur im dörrenden Waldmeister bildet, sondern auch in typischen Wiesenpflanzen wie Steinklee oder Ruchgräsern. Aber der Duft hat noch mehr zu bieten: Cumarin ist auch in der Tonkabohne vorhanden, die lange Zeit als Vanilleersatz verwendet wurde. Bei aller Heuigkeit hat Cumarin tatsächlich eine gewürzhafte Note, auch ist die Substanz in Zimt enthalten. Die Tonkabohne wird als Aphrodisiakum verwendet, was bei der hypnotischen Würzigkeit des Aromas vollkommen nachvollziehbar ist. So bildet Cumarin auch die Basis vieler Parfüms, etwa des Herrenduft-Klassikers Fougère Royale, wo es mit Bergamotte und Lavendel kombiniert wird.

Da Cumarin in großen Mengen leberschädlich ist, ist sein Einsatz als Aroma umstritten. In den USA ist die Verwendung von Tonkabohnen in Nahrungsmitteln untersagt, in Deutschland verbietet das Aromengesetz den Zusatz von Cumarin in Reinform. Für Hunde ist die Substanz übrigens wirklich giftig, da können schon 0,6 Gramm pro Kilogramm Körpergewicht tödlich sein. Menschen müssten hingegen kiloweise gedorrtes Waldmeisterkraut essen, um ihrer Leber zu schaden. Ganz harmlos ist Cumarin aber dennoch nicht, was sich an der Maibowle zeigt, dem mit Abstand besten Getränk des Frühlings. Der wird nicht nur eine cumarintypische aphrodisierende Wirkung nachgesagt. Vor allem wirkt die aromatische Verbindung auch gefäßerweiternd und blutverdünnend. Maibowle beschwipst schneller und nachhaltiger als reiner Sekt – allerdings beschert sie auch einen gemeineren Kater. Aber davon lassen sich ja nur Krämergeister abhalten.

Fast genauso schön wie das Trinken der Maibowle ist das Sammeln des Waldmeisters. An geeigneten Standorten, auf lockeren, basenreichen Böden, wuchert das Kraut. Am leichtesten findet man es in lichten Laubwäldern, vor allem unter Buchen. Die zeigen sich im Mai sowieso von ihrer schönsten Seite. Die jungen, leicht pelzigen Blätter sind noch klein, weich und hellgrün, auf dem Waldboden tanzen die Lichtflecken, die durch die windbewegten Kronen der Bäume entstehen. Die kleinen, weißblühenden Waldmeisterpflänzchen sind die Vollendung der Lieblichkeit des Maiwaldes. Man muss schon sagen, dass der deutsche Name Waldmeister das ätherisch freundliche Wesen dieser Pflanze nur sehr dürftig wiedergibt. Waldmeister: Das klingt nach Blockwart und lässt an die in ihrer polternden Virilität monströse Figur des

Oberförsters denken, die in den Werken von Ernst Jünger als Verkörperung einer bösen Macht auftaucht. Wie viel treffender wird Galium odoratum doch in Frankreich genannt: »Reine des bois« - die Königin der Wälder.

- Ab September sind die Samen reif. Wie bei allen Labkräutern sind das kleine Klettfrüchte, die im Pelz von Tieren oder an Kleidung hängen bleiben und so verbreitet werden.

- Schon im Mittelalter wurde Wein mit Waldmeister aromatisiert. Für eine Maibowle braucht man etwa zwanzig Stängelchen Waldmeister, die mindestens eine Stunde anwelken sollten. Die übergießt man mit Sekt (am besten mit einem fruchtigen Riesling) und fügt eine Zitrone in Scheiben hinzu. Den Waldmeister nicht länger als eine halbe Stunde ziehen lassen, sonst wird die Bowle bitter.

- Da sich der Aromastoff Cumarin erst beim Welken bildet, ist frischer Waldmeister so gut wie geruchlos. Zerreibt man jedoch ein Blatt zwischen Daumen und Zeigefinger, wird die Oxidation beschleunigt, und man riecht das Cumarin gleich.

Berberitze

Name: Berberis thunbergii, Heckenberberitze, Berberis vulgaris, Gewöhnliche Berberitze, Familie: Berberitzengewächse.

Saison: Sowohl die Hecken- als auch die Gewöhnliche Berberitze blühen ab Ende April. Die Früchte sind ab Ende September reif.

Eigentlich könnte man die Heckenberberitze ignorieren. Ihr Name verrät es bereits: Die kompakt wachsenden, völlig anspruchslosen, kleinblättrigen Büsche werden gerne als Begrenzung von Grünflächen verwendet. Was ist unauffälliger als eine Hecke? Hinzu kommt, dass die Heckenberberitze ihre trennende Aufgabe sehr ernst nimmt. Ihre Dornen – keine Stacheln, sondern umgewandelte Blätter – sind sehr hart und spitz. Man möchte ihr also nicht zu nahe kommen. Links liegen lassen kann man die Heckenberberitze aber dennoch nicht. Wer an einem heißen Maitag an dem Busch vorübergeht, fühlt sich auf einmal in ein sehr schlüpfriges Szenario versetzt. Denn ihre gelben Blüten riechen, vor allem, wenn sie von der Sonne beschienen werden, intensiv nach Sperma. Das ist im Pflanzenreich keine Seltenheit. Auch die Blüten der aus dem Mittelmeerraum stammenden Manna-Esche oder des aus China eingeführten Götterbaums riechen nach ungeschütztem Sex. Auch hat der schwere, schale Geruch der weißen, doldigen Vogelbeerblüten eine entschieden spermatische Note. Verantwortlich dafür ist die Stickstoffverbindung 1-Pyrrolin, die Sperma seinen spezifischen Geruch verleiht und auch in einigen Blüten gebildet wird. Bisher ist aber noch unerforscht, welche Bestäuber damit gelockt werden. Der olfaktorischen Übergriffigkeit der Berberitzen entspricht übrigens auch ein mechanischer Trick der Blüten. Deren Staubfäden sind ein Lehrbuchbeispiel für sogenannte Seismonastie, für eine Bewegungsreaktion, die durch Druckreiz ausgelöst wird. Landet ein vom Spermaduft betörtes Insekt in der Blüte, schnellen die Staubfäden innerhalb einer Zehntelsekunde in Richtung Griffel – und stempeln so ihre Pollen sehr präzise auf den Bestäuber.

Nach ihrem kurzen, obszönen Zwischenspiel verfällt die Heckenberberitze wieder in völlige Unauffälligkeit. Im Herbst kann sie dann noch einmal Aufmerksamkeit erregen. Ab Ende September hängen dort, wo im Frühjahr die anrüchigen Blüten saßen, reiskorngroße Beeren. Die sind sehr schön: schlank, glänzend und leuchtend rot. Einer nahen Verwandten der Heckenberberitze, der Gewöhnlichen Berberitze, gaben diese Beeren auch ihren Zweitnamen: Sauerdorn oder Essigbeere. Sie sind essbar (die Beeren der Heckenberberitze sind nicht giftig, aber ungenießbar) und sehr sauer. Im Mittelalter dienten sie als Armeleutegewürz für Fleischgerichte, auch wurde Berberitzensaft als Essigersatz verwendet. In der nahöstlichen Küche spielen sie bis heute eine wichtige Rolle, so wird etwa im Iran Reis gern mit getrockneten Berberitzen versetzt. Im Zuge des kulinarischen Wild-Food-Trends, also des Sammelns wild wachsender Pflanzen und Früchte, wird die Sauerbeere auch bei uns gerade wiederentdeckt. Sie aromatisiert Limonaden und macht sich auch, geschmacklich wie optisch, hervorragend in Kartoffelsalat.

- Die Gewöhnliche Berberitze spielte im Volksglauben des Mittelalters eine große Rolle. Zweige mit den harten Dornen sollten Dämonen abschrecken und wurden deshalb im Viehstall aufgehängt. Getrocknete Blüten sollten Kleinkindern beim Zahnen helfen.

- Der weltweit größte Hersteller von Berberitzen ist heute der Iran. Dort werden jährlich 4500 Tonnen der Beeren geerntet.

- Die Wurzelrinde wird traditionell zum Gelbfärben von Leder und Stoff verwendet. Das darin stark enthaltene Alkaloid Berberin ist Bestandteil von Leber- und Gallenarzneien.

Wurmfarn

Name: Dryopteris filix-mas, Gewöhnlicher Wurmfarn, Familie: Wurmfarngewächse.

Saison: Die Blätter der Farne entrollen sich ab Mitte März. Die Sporen sind im September reif.

Der Gemeine Wurmfarn – die in Mitteleuropa häufigste Farnart – scheint Missverständnisse anzuziehen. Das beginnt schon beim Namen: Der bezieht sich darauf, dass mit dem Farn im Mittelalter Wurmbefall behandelt wurde. Sehr viel toxischer als auf die Würmer wirkte die Kur jedoch auf die Wirte, die Menschen. Wurmfarn ist aufgrund der in ihm enthaltenen Acylphloroglucinole hoch giftig; in geringen Dosierungen treten Übelkeit und Bauchkrämpfe auf, in höheren Dosen Sehstörungen, Muskelkrämpfe und schließlich Atemlähmung.

Weniger tödlich war eine andere Idee. Dem Wurmfarn ganz ähnlich ist der Waldfarn. Die Schweife des Wurmfarns sind bis zu anderthalb Meter lang, an ihrer Unterseite befinden sich dunkelbraune, filzartige Noppen. Die Blätter des Waldfarns sind kleiner, seine Noppen sind hellbraun. Für spätmittelalterliche Botaniker war die Sache klar: Bei den großen Pflanzen muss es sich um männliche, bei den kleinen um weibliche Exemplare handeln. Sosehr dieser Gedanke offensichtlich von Geschlechterklischees gefüttert war – groß, grob und dunkel vs. klein, zart und hell –, ganz so unplausibel ist er nicht. In der zweiten Hälfte des 18. Jahrhunderts sollte der schwedische Botaniker und Universalgelehrte Carl von Linné die Sexualität der Pflanzen entdecken: die Tatsache, dass diese sich geschlechtlich – also wie Tiere und Menschen – vermehren. Was heute jedes Schulkind weiß, war damals hoch umstritten und brachte Linné in Verruf, ein Wissenschaftswüstling zu sein. So zukunftsweisend die Idee also war, dass Blüten oder auch ganze Pflanzen unterschiedliche Geschlechter haben, so falsch war sie doch in Sachen Farnen. Diese vermehren sich zwar geschlechtlich – aber auf ganz andere Art und Weise als die Samenpflanzen. Die Farnpflanze produziert in den braunen Gebilden auf der Blattunterseite, den Sori, Pollen. Landen diese auf geeignetem Boden, bildet sich eine kleine, herzförmige, sehr unscheinbare Pflanze, die keine Ähnlichkeiten mit dem stattlichen Farn hat: der sogenannte Vorkeim. Die Sexualität des Farns findet hier statt und ist eine feuchte Angelegenheit. Auf der Unterseite des Vorkeims bilden sich weibliche und männliche Geschlechtsorgane. Unter sich sammelt der Vorkeim etwas Wasser, darin schwimmen die männlichen Geschlechtszellen zu den weiblichen. Werden diese befruchtet, bildet sich die Pflanze, die wir als Farn bezeichnen, und der Vorkeim stirbt ab.

Diese Form der Vermehrung durch Sporen ist evolutionsgeschichtlich älter als die Befruchtung über Samen. Farne machten sich auch etliche Millionen Jahre vor den Samenpflanzen auf der Erde breit. Die heutigen Farne sind schöne Pflanzen. Anmutig und stets ein bisschen andersweltlich wirken die zarten Farnfelder im schattigen Unterholz lichter Wälder. Die Spiralen, aus denen sich die Farnschweife entrollen, lassen eine urtümliche Kraft erkennen, sie wirken wie gespannte Uhrfedern. Wie viel gewaltiger aber waren die Farne, die im Erdalter Karbon, vor 300 Millionen Jahren, ganze Wälder bildeten. Deren Gewalt wirkt bis heute nach: Ein Großteil dessen, was wir heute als Erdöl verbrennen, verdichtete sich aus toten Farnen.

- Die neuen Blätter des Wurmfarns entstehen an der Wurzel und brauchen bis zu ihrer Entfaltung mehrere Jahre. Gräbt man an den Stielen des Farns etwas in den Boden, entdeckt man die noch eng zusammengerollten Spiralen.
- Der Wurmfarn spielte im Aberglauben des Mittelalters eine große Rolle. So glaubte man, zur Sommersonnenwende gesammelte Farnblätter könnten unsichtbar machen.

Deutsches Weidelgras

Name: Lolium perenne, Ausdauerndes oder Deutsches Weidelgras, Familie: Süßgräser.

Saison: Rasen wird das erste Mal im März gemäht. Dabei entsteht der typisch scharfe Blattgründuft.

Nutzung von Pflanzen heißt immer auch, die Biologie zu durchbrechen. Das biologische Programm der einzelnen Pflanze sieht vor, dass diese sich vermehrt, in der Regel geschlechtlich, also über Befruchtung und Ausbildung von Samen. Bei Getreide und Nüssen werden diese reifen Samen von uns Menschen verzehrt. Bei kultivierten Blühpflanzen wie Schnittblumen wird die Fortpflanzung noch früher gestoppt, hier kommt es meist nicht einmal zur Anlage, geschweige denn zur Ausreifung von Samen. Ein Extrembeispiel dieses Umgangs mit Pflanzen ist der Rasen. Der besteht aus Mischungen mehrerer Süßgräßer, wobei meist das außerordentlich robuste deutsche Weidelgras dominant ist. Aber noch lange bevor es auch nur blühen kann, wird es schon geschnitten. Drei Zentimeter gelten als ordentlich, fünf sind solider Durchschnitt, alles, was an die zehn heranreicht, muss schon als verlotterter »Urlaubsrasen« gelten. Durch den stetigen Schnitt verändert sich der Wuchs des Weidelgrases. Die Pflanzen schießen nicht mehr ins Kraut. Vielmehr bildet sich über der Wurzel ein Büschel aus Stängeln, das umso dichter wird, je öfter der Rasen getrimmt wird. Das Ideal ist eine komplett homogene, sattgrüne Fläche: der englische Rasen.

Rasen ist, neben dem Gartenzwerg, der einzig originäre Beitrag Nord- und Westeuropas zur Gartenkultur. Während die Wiege so gut wie aller prominenter Blühpflanzen die Mittelmeerregion, der Nahe Osten oder China ist, konnte Kulturrasen nur im feuchten atlantischen Klima Englands entstehen. Da die Pflänzchen ständig geschnitten – und damit verletzt – werden, haben sie einen enormen Wasserbedarf. Rasen ist immer durstig und liebt deshalb schlechtes Wetter.

Die ersten Erwähnungen kurzgeschnittener Wiesen gab es bereits in der Antike und im Mittelalter. Bis ins späte 17. Jahrhundert spielte Rasen jedoch kaum eine Rolle. Das hatte mit der spezifischen

Nutzweise von Renaissance- und Barockgärten zu tun. Sie dienten der Repräsentation, bildeten durch Terrassen und Rabatten komplizierte Herrschaftsverhältnisse ab und wurden auf sauber umhegten Kieswegen durchwandelt. War eine Wiese von Schafen »bis auf den Rasen« - so die alte Bezeichnung für das Erdreich unter der Wiese - kurz gefressen, wurde sie auch nicht von den feinen Aristokratenfüßen betreten, denn sie gehörte zur derben Welt des Nährstands.

Für das Entstehen der Rasenkultur gab es mehrere Gründe. Zunächst einmal konnte man damit protzen. Im 18. Jahrhundert war Rasen eine spektakuläre Besonderheit, da ein ganzes Heer an Gärtnern nötig war, um ihn zu pflegen. In den Parkanlagen des britischen Blenheim Palace waren täglich 50 Männer damit beschäftigt, den Rasen zu sensen, zu wässern und zu walzen. So etwas konnte sich nur die »highest society« leisten. Hinzu kam die Mode: Ab der Mitte des 18. Jahrhunderts setzte sich der englische Parkstil durch - und tut es bis heute. Er zeichnet sich durch eine vermeintlich natürliche, in Wirklichkeit jedoch streng konstruierte Anordnung aus Bäumen, Buschwerk, Gewässern und Wiesen aus. Rasen spielt hier die wichtigste Rolle, er ist quasi die Grundierung, auf der das botanische Gemälde komponiert wird.

Der große Durchbruch für den Rasen aber war die Einführung des Walzenmähers, der im Jahr 1830 in England patentiert wurde. Der Unterhalt von Rasen war ab nun auch für Bürgertum und Kommunen erschwinglich. Das ging Hand in Hand mit einem sich wandelnden Verhältnis der Bevölkerung zur Natur - oder zu dem, was davon in der Stadt übrig blieb. War jene in vormoderner Zeit für die Masse nur Ort der Mühe und also tendenziell feindselig, suchte man nun in ihr Erholung und Zerstreuung. Wer keinen Garten hatte, spazierte am Sonntag im Park. Kinder sollten nun möglichst viel an der frischen Luft sein, und auf Rasen geht das ohne größere Blessuren, auch war der beginnende Massensport auf die weiche Unterlage angewiesen. Und so wurde Rasen zur am weitesten verbreiteten Bepflanzung weltweit.

In seiner Heimat, dem kühlen, feuchten Westeuropa, ist das kein Problem. Hier entfaltet der Rasen auch seine ganze ästhetische Stärke. Er ist eine Begrenzung von Natur und Kultur, eine komplett eingehegte, homogene, weiche, sattgrüne Fläche. Rasen ist ein botanisches Passepartout, er fügt sich sowohl zu Architektur wie auch zu jeder anderen Flora. Rasen ist zudem eine biologische Brache – selbst eine Wüste weist eine größere Biodiversität auf. Auf Rasen werden tonnenweise Kunstdünger, Pestizide und Herbizide aufgetragen. Vor allem aber muss Rasen, wenn ihm das Klima nicht hold ist, ständig bewässert werden. Die Fläche von besprenkeltem Rasen in den USA ist drei Mal so groß wie die von bewässertem Mais. Rasen wurde wieder zu dem, was er einmal war: öffentlich vorgeführte Verschwendung.

Vielleicht ist da eine Geschäftsidee aus Kalifornien nicht der schlechteste Ausweg. Natürlich liebt man auch im Sonnenstaat grüne Flächen. Das Problem ist nur: In der Dürre Kaliforniens ist das Gras schon längst nicht mehr grün. Die immer beliebtere Lösung ist eine Art Permanent-Make-up. Die braunen, verdorrten Flächen werden von spezialisierten Firmen einfach mit mattgrünem Lack besprüht.

- Deutsches Weidelgras ist in Rasenmischungen dominant. Daneben gibt es noch andere Rasenpflanzen wie Rohrschwingel und Wiesenrispe. Es gibt auch Rasengräser, die besser an heißes Klima angepasst sind, wie etwa die Gattung der Hundszahngräser.

- Liegewiesenrasen wird zwischen März und November etwa zehn Mal geschnitten, Fußballrasen etwa 40 Mal, Hockeyrasen, der kürzeste aller Sportrasen, bis zu 50 Mal.

- In der berühmten L.A.-Hymne »Paradise City« von Guns N' Roses spielt Rasen eine zentrale Rolle: »Take me down to the Paradise City / where the grass is green and the girls are pretty.« Gitarrist Slash, der den Song schrieb, schlug zuerst die Zeile: »where the girls are fat and they've got big titties« vor, aber Sänger Axl Rose bevorzugte die Rasen-Variante.

Knoblauchsrauke

Name: Alliaria petiolata, Knoblauchsrauke, Familie: Kreuzblütler.

Saison: Die Knoblauchsrauke wächst ab Mitte März, ab Mitte April blüht sie. Die Schoten der ebenfalls verwertbaren Samen sind ab Juli reif.

Die Knoblauchsrauke ist eine ehrliche Haut. Sie kann nur eines – und diese Eigenschaft trägt sie bereits im Namen. Ihre Blätter und ihre Samen enthalten Senföle und schmecken intensiv nach Knoblauch. Sie wächst überall, an geeigneten Standorten – am liebsten mag sie es schattig, nährstoffreich und feucht – breitet sie sich sogar aggressiv aus. Oft steht sie neben der Brennnessel und ähnelt ihr

in Wuchs und Blattform auch etwas. Allerdings ist sie sehr gut an den weißen Blüten zu erkennen, an den nach oben deutlich kleiner werdenden Blättern, vor allem aber an dem deutlichen Knoblaucharoma, das beim Zerreiben aller Pflanzenteile auftritt.

Die Knoblauchsrauke wächst ursprünglich in ganz Europa, und es ist wahrscheinlich, dass sie die erste Gewürzpflanze war, die in Mittel- und Nordeuropa Speisen schmackhaft machte. In Schleswig-Holstein und Dänemark wurden 4000 Jahre alte Scherben von Tontöpfen gefunden, an denen Reste von Knoblauchsrauke nachgewiesen wurden. Der echte Knoblauch wuchs damals nur im Mittelmeerraum, im Nahen Osten und in Nordafrika. Auch wenn die Römer den Knoblauch – der intensiver und schärfer schmeckt als die Knoblauchsrauke – in Mitteleuropa einführten und dieser im Mittelalter in Klostergärten in großer Menge gezogen wurde, blieb die Knoblauchsrauke für die einfache Bevölkerung das Gewürz der Wahl, wuchs sie doch überall. Mit der Moderne und dem industriellen Anbau von Knoblauch geriet sie in Vergessenheit. Seit es wieder schick ist, Wildkräuter zu sammeln, ändert sich das. Aber die Knoblauchsrauke hat doch einen mächtigen Konkurrenten: den ebenfalls nach Knoblauch schmeckenden Bärlauch, der eine regelrechte Modepflanze ist. Die Knoblauchsrauke ist viel dezenter, mit ihren Chlorophyll- und Bitternoten aber auch viel komplexer, man kann sie sogar als Salat essen. Oder am besten: am Wegesrand pflücken, als Knoblaucharoma to go. Das verfliegt so schnell, dass man sich nach dem Verzehr sogar sofort wieder zu küssen traut. Das macht man ja gerne im Unterholz.

- Die englischen Namen der Knoblauchsrauke sind sprechend: »Poor Man's Mustard«, »Jack in the Bush« oder »Sauce alone«.
- Die Knoblauchsrauke wurde in Nordamerika eingeführt und gilt dort als sehr schädlich, da sie sich schnell verbreitet und für einige heimische Bestäuber toxisch ist.

Flieder

Name: Syringa vulgaris, Flieder,
Familie: Ölbaumgewächse.

Saison: Flieder blüht ab Ende April.

Ein Großteil dessen, was wir heute als Gartenkultur kennen, fand seinen Ursprung in der Türkei. Im Jahr 1558 pries der französische Naturforscher und Botaniker Pierre Belon, der zuvor den Vorderen Orient besucht hatte, die Gärten, die er im Osmanischen Reich vorfand: »Es gibt wohl kein Volk, das ein größeres Vergnügen empfindet, sich mit schönen Blumen zu schmücken und diese mehr zu schätzen weiß.« Verwundert schwärmte er von Türken, die sich verschiedene Blüten in den Turban steckten, und von Handwerkern, die ihre einfachen Stuben reichlich mit Blumen schmückten. Die botanische Besessenheit der Türken ging so weit, dass jede osmanische Armee zahlreiche Topfpflanzen im Tross führte – und nicht etwa Gemüse zur Verpflegung, sondern Blumen zur Ergötzung der Soldaten. Das Manuskript eines der wichtigsten botanischen Werke, Dioskurides' *De materia medica*, lagerte in einer osmanischen Bibliothek. Der Sultan ließ in den Gärten seines Topkapı-Palastes massenhaft Blumen anbauen – um sich daran zu erfreuen und damit zu handeln. Mit die populärsten europäischen Gartenpflanzen wurden aus der Türkei importiert: unter ihnen die Tulpe, die Kaiserkrone oder die Hyazinthe. Und eben auch einer unserer schönsten Blühsträucher: der Flieder.

Dessen Urheimat ist der südliche Balkan und das heutige Bulgarien. Auch den antiken Griechen war der Flieder schon bekannt, eventuell leitet sich sein lateinischer Name Syringa von Syrinx, Rohr oder Flöte, ab. Das harte Fliederholz eignet sich gut für die Drechslerei, angeblich waren die antiken Panflöten daraus gearbeitet. In Westeuropa aber blieb die Pflanze bis ins 16. Jahrhundert unbekannt oder unbeachtet. Der aus Flandern stammende Universalgelehrte und Botaniker Ogier Ghislain de Busbecq, der Gesandte des Habsburgerkaisers Ferdinand I. am Hof des Sultans Süleyman I. in Konstantinopel, brachte bei seiner Rückkehr nach Wien sorgfältige botanische Zeichnungen des »leylac«, so der türkische Name des Flieders, mit und wahrscheinlich auch erste Pflänzlein. Danach erfuhr der Flieder eine steile Karriere. Zwar liebt er es sehr warm und verbreitet sich im mitteleuropäischen Klima nur selten von alleine. Aber er lässt sich sehr gut anpflanzen und gedeiht an sonnigen Standorten auch mit wenig Pflege. So wurde der Flieder schnell zu einem der beliebtesten Gartensträuchern. Die Zeitschrift *Gartenflora* bezeichnete ihn im Jahr 1891 als »eigentlichen Volksstrauch«: »Die Blüte des Flieders fällt oft in die Pfingstzeit; jedermann, auch der ärmste Arbeiter, sucht sich dann einen Fliederstrauch zu verschaffen, um damit sein Heim zu schmücken.«

Der Auftritt des Flieders auf der Bühne des Gartens ist kurz, aber spektakulär. Die meiste Zeit des Jahres ist er ein nicht weiter auffälliger Strauch. Sein Laub ist sehr schön, die sattgrünen, leicht glänzenden Blätter erinnern an die Pik im Skat. Ab Anfang April machen sich die Blüten bereit - der »unique selling point« des Flieders. Sie sind in sogenannten Kerzen angeordnet, in kleinen, wolkigen Türmchen. Der Flieder duftet betörend süß und sehr gefällig, wofür vor allem die Substanzen Fliederaldehyd und Farnesol verantwortlich sind. Die werden gerne in der Kosmetikindustrie verwendet, so dass Flieder immer auch ein bisschen nach Sonnencreme oder Klospray riecht - die Aura der Pflanze aber ist stärker als diese banalen Assoziationen.

Wie kein zweiter Blühstrauch steht der Flieder für den Frühling in all seiner verliebten Leichtigkeit. Am schönsten besingt das die neusachliche Lyrikerin Mascha Kaléko in ihrem Gedicht: »Nennen wir es ›Frühlingslied‹«. Ganz fröhlich beschwingt benennt sie darin aber auch die Tragödie des Menschen - dass sein Glück so schnell welkt wie Flieder in der Vase.

- Die einzelnen Fliederblüten sind kleine trompetenförmige Gebilde. Nur langrüsselige Bestäuber, etwa Hummeln, schaffen es, an den Nektar am Blütenboden zu gelangen. Zupft man die Blüte ab, lässt sich ein winziger süßer Tropfen aus ihr saugen.
- Die englische und französische Bezeichnung »lilac« bzw. »lilas« leitet sich vom türkischen Namen »leylac« ab. Auch die Farbe Lila geht darauf zurück.

Holunder

Name: Sambucus nigra, Schwarzer Holunder, Familie: Moschuskrautgewächse.

Saison: Ab Ende Mai blüht der Holunder. Die Früchte sind ab Mitte September reif.

Seit einigen Jahren ist Holunder allgegenwärtig. Neben Prosecco und Minzblättern ist Holundersirup Bestandteil des sommerlichen Modegetränks Hugo. Verglichen etwa mit Waldmeistersirup, der mit dem Geschmack der Pflanze nichts zu tun hat, fängt Holundersirup das Wesen von Sambucus nigra sehr gut ein. Werden dessen Blüten in einen starken Zuckersirup eingelegt, geben sie ihr intensives Aroma nahezu vollständig ab.

Dieses Aroma, der Geruch der tellerförmigen, gelbe Pollen verstäubenden Doldenblüten, ist in seiner Komplexität fast irritierend. Der griechische Arzt Galenos, eine der wichtigsten naturwissenschaftlichen Autoritäten der Antike, verglich den Geruch der Holunderblüten mit dem von Sperma. Das ist zwar völlig unsinnig, Holunder hat mit der chlorigen Tranigkeit von Samenflüssigkeit nichts gemein.

Aber doch haben die so intensiv duftenden Blüten eine entschieden geschlechtliche Note. Das liegt daran, dass sie in kleinen Mengen Ammoniak absondern, der unter anderem auch für den stechenden Geruch von Schweiß verantwortlich ist.

Nicht nur die Blüten des Holunders riechen extrem. Auch die Blätter tun es – allerdings sehr unangenehm, nämlich giftig grün. Im Volksglauben des Mittelalters gab es eine Erklärung dafür. Der Busch stinke so, weil sich Judas, der schlimmste aller Sünder, nach seinem Verrat am Heiland an einem Holunderbaum erhängt habe – seine Schande habe sich auf die Pflanze übertragen.

Überhaupt ist Holunder mythologisch so überfrachtet wie nur wenige andere heimische Gewächse. Er galt sowohl Griechen als auch Römern als Hort guter Geister. Vor allem aber die Germanen verehrten ihn als Pflanze der Freya, der Göttin der Fruchtbarkeit, der Liebe und des Zauberwesens. Bei ihnen war es streng verboten, einen Holunder zu fällen.

Wie viele für den Heiden heilige Pflanzen war auch der Holunder im christlichen Mittelalter sehr ambivalent besetzt. Auf der einen Seite war er segenbringend, er wurde an Häusern gepflanzt, um diese zu beschützen, und galt auch als Mittel gegen bösen Zauber. Auf der anderen Seite hatte die Pflanze eine unheimliche Aura. Das alte Tabu, ihn abzuhacken, lebte fort. Man fürchtete, das Blut einer im Stamm lebenden Hexe tropfe dann heraus – und das hätte natürlich nichts Gutes verheißen. Auch hütete man sich davor, Kinder in eine Wiege aus Holunderholz zu legen (freilich eine etwas unsinnige Angst, wie mühsam wäre es gewesen, aus den meist dünnen Holunderzweigen Möbel zu zimmern?) – denn dann hätten sie von Frau Holle geraubt werden können. Frau Holle war es wahrscheinlich auch, die dem Holunder seinen Namen gab. In ihr lebte die germanische Freya fort. Und auch sie ist von der typischen kryptoheidnischen Ambivalenz geprägt: Auf der einen Seite ist sie die gütige Mutter. Andererseits trägt auch sie unheimliche Züge. Im Märchen heißt es: »Endlich kam es [das Mädchen Goldmarie] zu einem kleinen Haus, daraus guckte eine alte Frau, weil sie aber so große Zähne hatte, ward ihm angst, und es wollte fortlaufen. Die alte Frau aber rief ihm nach: ›Was fürchtest du dich, liebes Kind? Bleib bei mir‹.«

Pflanzen sind umso mythenumrankter, je wichtiger sie für die Menschen waren. Beim Holunder ist das kaum zu übertreffen. Zum einen ist der Holunder einer der häufigsten heimischen Büsche. Er stellt wenige Ansprüche an sein Habitat und vermag auch bei nur sieben Prozent Lichteinstrahlung noch zu wachsen. Der Holunder ist ein typischer »Kulturfolger« – er wächst vor allem in der Nähe menschlicher Siedlungen, weil er gepflanzt wird und durch Vögel in der Nähe verbreitet wird. Über Jahrhunderte war Holunder eine der wichtigsten Medizinpflanzen. Extrakte aus den Blüten helfen nachweislich bei Fieber und grippalen Infekten, die ätherischen Öle sind schleimlösend und entzündungshemmend. Aus den Blüten kann man nicht nur Sirup und Gelee kochen, sie lassen sich auch zu Holunderküchel in Teig ausbacken. Die Beeren waren in früheren Jahrhunderten einer der wichtigsten Vitaminlieferanten für die kargen Winter, sie sind reich an gesunden Polyphenolen und haben eine so intensive Farbe, dass man damit früher Leder färbte – und heute Gummibärchen. Das weiche, styroporartige Mark, das sich in den Ästen befindet, wird zur Umhüllung mikroskopischer Präparate verwendet. Auf diese Weise können sie einfach in mikrometerdünne Scheiben geschnitten werden. Ideal lassen sich auch die langen, dünnen Wassertriebe verwerten, indem man das weiche Mark aus ihnen herausstößt. Sie sind nicht nur treffliche Blasrohre, sondern auch rustikale Trinkhalme. Noch ist es aber ein Geheimtipp, dass es besonders köstlich ist, damit seinen Hugo zu schlürfen.

- Sancerre, der berühmte Weißwein aus der Loire, schmeckt zum einen etwas nach Stachelbeeren. Sein Aroma erinnert aber auch ein bisschen an den scharf grünen Gestank frischer Holunderblätter.
- In Norddeutschland wird Holunder traditionell auch Flieder genannt. Beide Pflanzen sind miteinander jedoch nicht verwandt.

Maiglöckchen

Name: Convallaria majalis, Gewöhnliches Maiglöckchen, Familie: Spargelgewächse.

Saison: Das Maiglöckchen blüht ab Anfang Mai.

Was hatte Christian Dior mit einem Spermium gemein? Die Liebe zu Maiglöckchenduft. Maiglöckchen sind krautige Pflanzen, die bis zu 30 Zentimeter hoch werden. Natürlich kommen sie in warmen Lagen von Buchen- und Eichenwäldern vor, gerne in Haselnussgebüschen. In der freien Wildbahn ist das Maiglöckchen jedoch sehr selten anzutreffen, weshalb es vor allem als Blühpflanze angebaut wird. Ihre Blüten sind kugelig, klein und weiß, zurückhaltend hängen sie nach unten. Alles andere als zurückhaltend aber ist ihr Duft - der Grund für den Ruhm des Maiglöckchens. Eine Pflanze reicht, um den Umkreis mehrerer Meter zu aromatisieren. Der Geruch lässt sich nur tautologisch beschreiben: Maiglöckchenduft ist die Idee des Blumendufts, seine reinste Ausprägung. Maiglöckchen riechen so klar und frisch wie ein kühler, noch taufeuchter Frühlingsmorgen. Man könnte auch sagen: etwas seifig - aber das liegt nur daran, dass die Waschmittelindustrie liebend gern Maiglöckchennoten einsetzt, als Signum der Sauberkeit.

Nicht nur fertige Menschen lieben Maiglöckchenduft - auch Spermien tun es. Seit Jahren wird in der Forschung das sogenannte Maiglöckchen-Phänomen diskutiert. Männliche Samenzellen lassen sich von dem in Maiglöckchen enthaltenen Aldehyd Bourgeonal locken. Lange Zeit glaubte man, damit den Mechanismus entdeckt zu haben, wie Spermien in den Weiten der Vagina die Eizelle finden. Man vermutete, dass diese - oder das sie umgebende Gewebe - einen duftenden Lockstoff abgebe. Eine Vorstellung, die nicht frei ist von Geschlechterklischees, schließlich hätte es damit eine Erklärung für den betörenden Duft des Maiglöckchens gegeben, gemäß dem *Faust*-Zitat: »Das Ewig-Weibliche zieht uns hinan.« Dass Maiglöckchen in der Ikonologie des Mittelalters als Zeichen der Keuschheit galten - wegen ihrer Assoziation zur Jungfrau Maria und den sittsam hängenden Köpfchen -, machte die Sache noch anrüchiger. Darüber muss man sich inzwischen aber nicht mehr den Kopf zerbrechen – das Maiglöckchen-Phänomen erwies sich als Laborfehler. Heute weiß man, dass die Eizelle das Hormon Progesteron abgibt und auf diese Weise Spermien auf sich aufmerksam macht. Rein zufällig springt dieser Mechanismus aber auch bei dem Maiglöckchenduft-Molekül Bourgeonal an – das aber weder von der Eizelle noch vom sie umgebenden Gewebe gebildet wird.

Bei Christian Dior sind die Verhältnisse klarer. Der Erfinder der opulenten Nachkriegs-Haute-Couture mit rauschenden Röcken, viel Seide und langen Handschuhen war ein leidenschaftlicher Liebhaber von Maiglöckchen. Er entwarf eine Linie, die den weißen Glöckchen der Blüten nachempfunden war, und es heißt, er habe in die Säume ihm besonders lieber Stücke getrocknete Blüten eingenäht. Vor allem aber der Duft hatte es ihm angetan. Trotz dessen Intensität war es jahrhundertelang ein Ding der Unmöglichkeit, ihn in Reinform aus den Blüten zu gewinnen. Erst seit den 1990er Jahren kann mittels eines aufwändigen Verfahrens mit dem Gas Butan ein Extrakt hergestellt werden. Trotzdem hatte sich Dior ein Maiglöckchenparfüm in den Kopf gesetzt. Der heute wegen dieses Kunststücks legendäre Parfümeur Edmond Roudnitska schaffte das im Jahr 1956. Da sich Maiglöckchenduft nicht natürlich gewinnen ließ, imitierte er den Geruch einfach chemisch – unter anderem mithilfe des Moleküls Hydroxycitronellal. Dieses mimetische Verfahren war ein bahnbrechender Schritt in der Parfüm-Entwicklung – und bis heute ist »Diorissimo« ein Klassiker der frisch blumigen Damendüfte. Der Maestro Dior konnte sich daran aber nicht lange erfreuen. Er starb im Jahr 1957. Bis heute wird sein Grab auf dem Cimetière de Callian in der Provence im Frühling mit Maiglöckchen geschmückt.

- Das Maiglöckchen ist eine der giftigsten heimischen Pflanzen. Herzglykoside wie Convallarin können bis zum Herzstillstand führen. Jedes Jahr kommt es zu Vergiftungen, weil die Maiglöckchenblätter mit dem äußerlich ähnlichen Bärlauch verwechselt werden.
- Bis heute ist das Maiglöckchen für die Modemarke Dior wichtig. Zuletzt interpretierte der ehemalige Chefdesigner Raf Simons die klassische Maiglöckchen-Linie sehr maskulin mit gesteppten Nylon-Stoffen.

06

Juni

Mohn

Name: Klatschmohn, Papaver rhoeas; Türkischer Mohn, Papaver orientale; Schlafmohn, Papaver somniferum; zahlreiche andere, nah verwandte Arten, Familie: Mohngewächse.

Saison: Alle hier angebauten Mohn-Arten blühen zwischen Mai und Juli. Die Kapseln sind ab August reif.

Die Pflanzen, die die Entwicklung der Menschheit wohl am nachhaltigsten beeinflussten, waren der Weizen und der Mohn. Als der christliche Gott, eingeschnappt und rachsüchtig, Adam und Eva für ihr Vergehen aus dem Paradies warf, belegte er sie und ihre Nachkommen mit zwei Flüchen: Hunger und Schmerzen. Doch gegen beides war ein Kraut gewachsen. Die Kultivierung von Weizen und verwandten Süßgräsern wie Gerste und Roggen ermöglichte es, immer mehr Menschen zu sättigen. Alles, was wir heute als Geschichte und Kultur kennen, begann mit dieser Entwicklung, die oft »neolithische Revolution« genannt wird. Bald darauf, um etwa 8000 v. Chr., beginnt die Kultivierung von Mohn. Die Pflanze muss unseren Vorfahren wie ein Geschenk des Himmels vorgekommen sein: Sie spendete süßen Schlaf, tröstete Trauernde, sie linderte Husten, beruhigte rumorende Eingeweide, vor allem aber war Mohn, genauer: der Milchsaft des Schlafmohns, das einzig wirksame Mittel gegen Schmerzen. Die mächtige und wohltätige, das Wachstum der Pflanzen fördernde griechische Muttergottheit Demeter wurde stets mit zwei Attributen dargestellt: mit einer Weizenähre und einer Mohnkapsel. So gesehen symbolisiert die Mohnsemmel nicht weniger als die Geschichte der Menschheit.

Mohn gibt es in verschiedenen Arten. Sie alle sind nah miteinander verwandt und haben große Ähnlichkeiten. Etwa die pergamentenen Blütenblätter, die in der Knospe – eine botanische Ausnahme – unregelmäßig zusammengeknautscht sind, bevor sie sich entfalten. Alle Mohn-Arten haben auch die sehr üppigen, oft büschelartigen Staubfäden gemein, die eine große Menge an schwarzgrünen Pollen produzieren. Vor allem aber erkennt man Mohn an den »Streubüchsen«, in denen mehrere Tausend reife Samen sitzen. Diese Kapseln dienen als »Fliehkraft-Windstreuer«. Sie verbreiten die Samen nicht nur über eine Schüttelbewegung. Sie sind auch so geformt, dass der Wind sich in ihnen fängt und die winzigen Samen herausbläst, so dass sie oft mehrere Meter weit fliegen.

Hierzulande am häufigsten anzutreffen ist der Klatschmohn, der ab Ende Mai auf Wiesen und in Kornfeldern wächst. Wer ihn pflückt, wird zwangsläufig enttäuscht. Die hauchdünnen Blütenblätter sind so empfindlich wie Schmetterlingsflügel und fallen oft schon bei bloßer Berührung ab. Oft wird behauptet, die Blüten des Mohns seien geruchlos. Aber das stimmt nicht. Klatschmohn hat einen sehr eigenen, wenngleich nicht unbedingt guten Geruch: Er erinnert leicht an den scharfen Gestank verdreckter Vogelkäfige. Die eigentliche Attraktion des Klatschmohns aber ist die leuchtende Farbe der Blüten. Die wird von Bienen, deren Augen rotblind sind, übrigens nicht gesehen. Da die Blüten gleichzeitig auch sehr stark UV-Licht reflektieren, nehmen sie die Insekten wahrscheinlich als blauviolett wahr.

Wie eine aufgeblasene Version des Klatschmohns, der sich wegen seiner äußerst kurzen Blühdauer als Gartenblume nur sporadisch durchsetzen konnte, wirkt der Türkische Mohn. Auch er blüht in dem typischen Mohnrot, daneben aber auch noch in Weiß und Violett. Er wurde im 18. Jahrhundert aus dem Osmanischen Reich in Paris eingeführt und verbreitete sich schnell in europäischen Gärten. Schon bald wurde er mit dem blutrot blühenden Arzneimohn gekreuzt. Immer extravagantere Blüten in leuchtenden Farben – und mit bizarrem Innenleben – werden heute in Baumärkten feilgeboten.

Die Krone aller Mohn-Arten aber ist und bleibt der Schlafmohn. Er wächst fast mannshoch, auch seine Blüten sind eine Mischung aus feinster Zartheit und alienhafter Ornamentik. Schlafmohn wird seit Jahrhunderten auch als Zierblume geschätzt, Ende des 18. Jahrhunderts schrieb der märkische Dichterpfarrer Schmidt von Werneuchen, dass der Mohn in den Gärten der Bauern die Tulpen in den Parks der Fürsten ersetze. Schlafmohn ist auch ein Lieferant von Mohnsaat, die in den letzten Jahren kulinarisch leider etwas in Vergessenheit geraten ist. Vor allem aber wurde

Schlafmohn wegen des nur in ihm enthaltenen Alkaloids Morphin kultiviert. In allen antiken Hochkulturen spielte Opium, in dem Morphin die wichtigste psychoaktive Substanz ist, eine zentrale Rolle. Es erlaubte medizinische Operationen und war als Genussmittel so beliebt, dass die römischen Herrscher Tonnen davon in ihren Kellern lagerten. Der Name Morphin ist an den griechischen Gott Morpheus angelehnt. In ihm wiederum steckt »morphê«, die Form. In seinem Reich, der Traumwelt, ist Morpheus der »Formgeber«. Eine ähnliche formgebende Kraft hat auch das Opium. Der von ihm ausgelöste Rausch zeichnet sich durch sehr klare und detaillierte Halluzinationen aus. In dieser Eigenschaft, eine Verbindung zu einer »anderen Seite« zu ermöglichen, war Opium auch Bestandteil zahlreicher antiker Kulte. Wahrscheinlich – genau weiß man das nicht, denn den Eingeweihten war es unter Androhung der Todesstrafe verboten, ihre Erfahrungen auszuplappern – war Opiumtinktur auch ein Bestandteil des »Kykeon«, jenes Tranks, der bei den Mysterien von Eleusis gereicht wurde. Diese waren der Korn- und Mohnmutter Demeter geweiht, und wer sie erlebte, hatte nachher keine Angst mehr vor dem Tode. Dem frühen, fundamentalistischen Christentum mit seiner Lust am Leid war die pagane Opium-Medizin verhasst. Noch Karl der Große erneuerte in einem Verdikt das Verbot, mit Opium Schmerzen zu stillen. Die waren schließlich gottgesandt und mussten ertragen werden.

Bis heute ist Schlafmohn verteufelt. Das hat natürlich Gründe. So wichtig sein Anbau zur Produktion von Schmerzmitteln ist, so klar ist auch, dass ein Großteil der jährlich geernteten 7000 Tonnen Opium zu Heroin weiterverarbeitet wird – der nach wie vor tödlichsten illegalen Droge. In Deutschland, wo der Kampf gegen alle Rauschsubstanzen, die nicht Alkohol sind, seit Jahrzehnten gleichsam grimmig wie erfolglos geführt wird, nimmt man das Verteufeln des Schlafmohns besonders ernst. Hier darf die Pflanze, anders als etwa in Österreich, nicht einmal in kleinen Mengen als Zierpflanze angebaut werden.

Türkischer Mohn ist eine beliebte Zierpflanze. Die in ihm in geringer Konzentration enthaltenen Alkaloide wirken kaum berauschend, sind jedoch giftig.

- Mohnsaat enthält keine psychoaktiven Alkaloide mehr. Trotzdem bestätigte das Landgericht Karlsruhe ein Verbot von Mohnbrötchen in deutschen Gefängnissen, weil dadurch die dort durchgeführten Drogenscreenings gestört werden könnten. Auch US-amerikanische Gerichte verbieten Gefängnisinsassen den Konsum von Mohngebäck.

- Im Namen Papaver steckt das lateinische »pappare« für essen und das daraus abgeleitete Kinderwort »pappas«, Brei. Wahrscheinlich verweist die Bezeichnung darauf, dass im antiken Rom Kindern zur Beruhigung Schlafmohnsud im Brei verabreicht wurde.

Erdbeere

Name: Fragaria, Erdbeeren (Gattung), zahlreiche Arten, etwa die Europäische Walderdbeere (Fragaria vesca), die größerfruchtige amerikanische Scharlach-Erdbeere (Fragaria virginiana) oder die heute dominante Gartenerdbeere (Fragaria x magna).
Familie: Rosengewächse
Saison: Erdbeeren sind ab Anfang Juni reif.

3,5 Kilogramm Erdbeeren essen die Deutschen durchschnittlich im Jahr. Die rote Frucht liegt damit weit hinter dem Apfel (mit 25 Kilo pro Kopf und Jahr) und der Banane (10,5 Kilo). Wenn man jedoch bedenkt, dass die Erdbeere der berühmteste Vertreter des sogenannten Saisonobstes ist - Erdbeeren werden vor allem gekauft, wenn sie hierzulande reif sind, also im Mai, Juni und Juli -, katapultiert sie das gleich auf einen der ersten Ränge in Sachen Beliebtheit. Ein Grund dafür ist, dass die Erdbeere mit bis zu 10 Prozent Zucker das süßeste heimische Obst ist. Auch ist die Erdbeere das Lieblingsobst der faulen Esser: Man muss sie, im Gegensatz etwa zu Äpfeln, kaum kauen, so weich ist sie. Bleibt das Problem mit dem Aroma. Viele Supermarkterdbeeren sind zwar von betörender Farbe, bei einer Blindverkostung könnte man sie jedoch nur schwer von einer geschnittenen Zucchini unterscheiden. Als Sehnsuchtsobst bleibt die Walderdbeere. Ihre kleinen Früchte bezeugen unerbittlich die Nachteile ihrer gezüchteten Schwester. Die kommerziell angebaute Gartenerdbeere ist zwar großfruchtig und ertragreich, einzelne Sorten können sogar über mehrere Monate hinweg tragen. An das erlesene Aroma der wild wachsenden Walderdbeere, in das sich bei aller Süße auch bittere, harzige Noten mischen, reicht die aufgeblasene Gartenerdbeere jedoch nicht annähernd heran. Sie verhält sich zu jener wie ein grobes Stück Braunkohle zu einem glänzenden Diamanten. Und gerade weil sie so schlecht zu züchten sind und fast nur wild wachsen, sind Walderdbeeren kleine Schätze: kostbar, mit ihrem durchdringend deliziösen Aroma eher Geist als Materie, immer zu wenig.

Umso schlimmer ist der Schock, wenn man eines dieser roten Kleinode im Unterholz aufstöbert, mit gierigen Fingern pflückt und in den Mund steckt - um dann auf ein schales, seifiges, eigentlich

EINTRITT FREI
365

aber fast geschmackloses, feuchtschwammiges Gebilde zu beißen. In diesem Fall wurde man Opfer der Indischen Scheinerdbeere, Potentilla indica. Und das passiert immer öfter. Denn die ursprünglich aus Asien stammende Pseudoköstlichkeit gehört in Mitteleuropa zu den invasiven Arten, sie breitet sich vor allem in Städten aus. Walderdbeeren muss man da mit der Lupe suchen. Und beide Arten sind sich wirklich zum Verwechseln ähnlich. Das fängt schon bei der Größe und Form des Blattes an. Vor allem aber die Früchte haben dieselbe

Farbe, Form und Größe. Erst bei genauerer Betrachtung sieht man die Unterschiede. Während die Nüsschen, die Samen der echten Erdbeeren, sich etwas vertieft im Fruchtfleisch befinden, sitzen sie bei der tückischen Scheinerdbeere auf winzigen Stilen. Auch stehen die Früchte der Scheinerdbeere senkrecht und weithin sichtbar auf ihren Stängeln, während sie bei der Walderdbeere hängen und sich oft auch unter den Blättern verstecken.

Vergleicht man die beiden Früchte, scheint die Sache klar zu sein: Hier liegt ein Fall botanischer Produktpiraterie vor. Tatsächlich ist so etwas nicht unüblich. So sind etwa fünf Prozent aller Blütenpflanzen, etwa zahlreiche Orchideen-Arten, Täuschpflanzen.

Sie ahmen attraktive, etwa besonders nektarreiche Blüten nach und gaukeln den Bestäubern Substanzen vor, die sie in Wirklichkeit gar nicht haben. Diese Formen von Mimese entwickeln sich evolutionär nur unter bestimmten Rahmenbedingungen. Zum einen müssen beide Pflanzen - Vorbild und Nachahmer - im selben Gebiet vorkommen. Schon hier zeigt sich, dass bei der Scheinerdbeere keine Mimese, sondern einfach nur ein böser Zufall der Natur vorliegt. Scheinerdbeeren sind in der Himalaya-Region, in China, Indien und Korea heimisch - hier jedoch wächst die Walderdbeere nicht. Genauso wichtig für ein Mimese-Modell ist, dass die nachahmende Blüte oder Frucht deutlich unattraktiver sind als das Modell, also von Tieren eigentlich verschmäht werden müssten, wenn sie nicht auf Täuschung setzen würden. Genau das aber ist beim Kampf Wald- vs. Scheinerdbeere nicht der Fall. Bei Experimenten wurden Vögeln und Nagern beide Früchte in ausreichender Menge zur Wahl vorgelegt. Es stellte sich heraus, dass die schalen Pseudoerdbeeren fast genauso gern gefressen wurden wie die köstlichen Walderdbeeren. So bedeutsam, so enorm uns der geschmackliche Unterschied auch vorkommt - in der Natur scheint er folgenlos zu sein.

- Archäologische Funde legen nahe, dass Erdbeeren schon in der Steinzeit gegessen und gesammelt wurden. Im Mittelalter gab es bereits erste große Erdbeerplantagen. Großfruchtige Kulturerdbeeren wurden ab dem 19. Jahrhundert populär.

- Erdbeeren sind nicht nur bei Menschen äußerst beliebt, sondern auch im Tierreich. Die Früchte werden von zahlreichen Vögeln, von Igeln, Füchsen, Schnecken, Ameisen und Tausendfüßlern gegessen.

- In der mittelalterlichen christlichen Malerei stand die Erdbeere wegen ihrer hängenden Früchte für Demut und wegen ihrer roten Farbe für das Blut der Märtyrer. Für Blut steht die Frucht auch auf der Netzplattform erdbeerwoche.com, die gegen die zunehmende Tabuisierung der Menstruationsblutung vorgehen will.

Jelängerjelieber

Name: lonicera caprifolium,
Jelängerjelieber,
Wohlriechendes Geißblatt,
Familie: Geißblattgewächse,
zahlreiche Zuchtsorten.

Saison: Das Geißblatt blüht
ab Mai und bis in den Juli.

Das Wohlriechende Geißblatt, besser bekannt als Jelängerjelieber, ist eine Kletterpflanze. Genauer: Es gehört zur Sektion der Gerüstkletterer. Das heißt, dass das Geißblatt – im Gegensatz etwa zum Efeu, der mit seinen Saugnäpfen auch flache Fassaden erklimmen kann – Äste oder ein Gestänge als Stütze benötigt. Die Unterteilung kann noch weiter getrieben werden, denn das Wohlriechende Geißblatt ist eine Schlingpflanze, es schlingt sich direkt mit seinen Stängeln (und nicht etwa mit eigenen Ranken, wie etwa der Wein) um den Wirtsstock. Jetzt aber wird es kompliziert. Bis auf ganz wenige Ausnahmen können sich Schlingpflanzen nur in eine Richtung winden. Im Gegensatz zu den meisten anderen heimischen »Schlingern« wächst das Wohlriechende Geißblatt – von oben betrachtet – im Uhrzeigersinn um seine Stütze. Hierfür hat sich der Begriff »rechtswindend« eingebürgert. Das jedoch rief technisch versierte Botaniker auf den Plan. Sie argumentierten, auf diese Weise wachsende Schlingpflanzen bildeten das, was Ingenieure ein »Linksgewinde« nennen, da die Gewindeflanken nach links ansteigen. Hier bedarf es also eines nomenklatorischen Kompromisses. Demnach wird die Art der Windung nach dem prominentesten Beispiel benannt. Bei (Achtung, alte Bezeichnung) Rechtswindern ist das der Hopfen. Botanisch korrekt heißt es also, das Wohlriechende Geißblatt winde sich »hopfisch«. Das Gegenteil davon ist übrigens »bohnisch«, benannt nach der Gartenbohne.

Seine Eigenschaft als Schlingpflanze machte das Jelängerjelieber zu einer der beliebtesten Gartenpflanzen. Und das aus mehreren Gründen. Die Tatsache, dass das Geißblatt seine Wirtspflanze fest umschlingt, wurde schon früh romantisch gedeutet. Marie de France, die erste bekannte französischsprachige Dichterin, schrieb im 12. Jahrhundert das »Lied vom Geißblatt«. Darin geht es um die beiden unsterblichen Liebenden Tristan und Isolde, die sich mit einer Hasel und einem diese umwindenden Geißblatt vergleichen:

»So dauern wohl die Beiden,
Doch wollte man sie scheiden,
So welkte schnell der Haselstrauch,
Die Geißblattranke stürbe auch.«

Und in Shakespeares *Sommernachtstraum* ist es die Elfenkönigin Titania, die sich »wie die süßen Blütenranken des Geißblatts« um ihren schlafenden Liebsten windet.

Aber es blieb nicht nur bei dieser poetischen Metaphorik. Ab dem 17. Jahrhundert kam es in Mode, mit der »durchwachsenen Specklilie« – so einer der weniger lieblichen Namen des Geißblatts – Gartenlauben bewachsen zu lassen. Das hatte mehrere Gründe: Zum einen wächst das Wohlriechende Geißblatt sehr schnell und dicht, innerhalb weniger Jahre bildet sich ein sehr ansehnliches Pflanzenzelt. Seine Blüten sind mit ihren langen, orange-rosaroten Trompeten und den eleganten, wimpernhaften Staubgefäßen nicht nur sehr hübsch. Der Name verrät es – sie duften auch sehr intensiv, vor allem in den Abendstunden, wenn sie sich zum ersten Mal öffnen. Es ist ein typischer »Nachtschwärmerduft«, parfümhaft schwer, sehr süß, an Lilie, Echten Jasmin oder Orangenblüte erinnernd. Die damit aromatisierten, wegen des üppigen Wuchses der Pflanze uneinsehbaren Lauben waren natürlich nichts anderes als Liebesnester, von denen im freizügigen 18. Jahrhundert reichlich Gebrauch gemacht wurde. Der volkstümliche Name des Wohlriechenden Geißblatts, Jelängerjelieber, bezeichnete ursprünglich wohl nur die Lieblichkeit der Blüten und die Süße ihres Duftes – davon konnte man gar nicht genug bekommen. Wegen der Liebeslauben und dem, was darin stattfand, bekam der Name aber schnell noch eine andere, sehr anschauliche und anzügliche Bedeutung.

- Im Englischen heißt das Geißblatt »honeysuckle«, was sich auf den honigsüßen Duft der Blüten bezieht und darauf, dass man aus ihnen den Nektar saugen kann.

Mäusegerste

Name: Hordeum murinum, Mäusegerste, Familie: Süßgräser.

Saison: Die Mäusegerste blüht ab April und ist im Juni reif. Sie blüht aber auch noch später, immer, wenn die Temperaturen über mehrere Wochen ausreichend hoch waren.

An den ersten heißen Junitagen, wenn die Mäusegerste reif ist, kommen kleine Mäusebauern und mähen das Korn. Sie fahren es in die Mühle, wo Mäusemüller Mehl mahlen. Mäusebäcker backen daraus kleine Brote und Torten. Vor allem aber brauen Mäusebrauer aus der Mäusegerste Bier, das alle Mäuse dann, an langen, niedrigen Tischen sitzend, mit großem Genuss trinken.

Solche Bilder drängen sich beim Namen Mäusegerste auf - und bei deren Anblick. Gerste ist - nach Weizen - das am zweithäufigsten in Deutschland angebaute Getreide. Sein Aussehen ist wohlvertraut: Mit ihren Grannen - den langen, geraden und rauen Haaren am oberen Ende der Ähre - ist die Gerste die wiedererkennbarste aller Getreidesorten. Wird eine Ähre ikonisch dargestellt, ist es die Gerste. Mäusegerste sieht genauso aus wie Zuchtgerste, nur eben in klein, eine Art Bonsai-Gerste. Auch bildet sie gern dichte Populationen: kleine Miniaturgetreidefelder. Wer würde dabei nicht an Mäusebauern auf Mäusetraktoren denken?

Neben den Urgetreiden Einkorn und Emmer gehört Gerste zu den ersten Pflanzen, die Menschen gezielt angebaut haben. Vor über 12000 Jahren begannen Kulturen im Nahen Osten, Getreide zu sähen und zu ernten. Erst damit entstand im großen Maßstabe Vorratshaltung, die alte Jäger- und Sammlerkultur wurde abgelöst von einer sich bis heute immer weiter rationalisierenden Agrarwirtschaft. Die landwirtschaftlich genutzte Zuchtgerste entstand aus der Wildgerste, deren Körner beim Ausreifen aus den Ähren fielen und mühsam aufgelesen werden mussten. Die Urheimat der Mäusegerste ist wie die der Wildgerste der fruchtbare Halbmond. Beide Pflanzen sind sehr nah miteinander verwandt, auch ist es denkbar, dass die Züchtung der Wildgerste schon viel früher begann und in der Mäusegerste eine noch ältere Urform überlebte.

Für den menschlichen Gebrauch ist Mäusegerste jedenfalls nicht geeignet – die Samen sind so winzig, dass sie sich nicht verwenden lassen. Noch nicht mal als Viehfutter eignet sich die Pflanze, denn die Grannen der Mäusegerste sind so hart und scharfkantig, dass sie beim Vieh Maul und Atemwege verletzen können. Vielen Gärtnern gilt sie als Unkraut. Auch wenn die Mäusegerste also nicht genutzt und schon gar nicht gepflanzt wird, folgt sie dem Menschen. Das liegt daran, dass sie sich in menschlichen Siedlungen, vor allem in Großstädten, pudelwohl fühlt. Trockenheit ist kein Problem für sie, sie liebt es heiß und sonnig. Das Mikroklima der Stadt, das wärmer und trockener ist als das auf dem Land, ist also ideal für die Mäusegerste. Aber auch die urbane Fauna ist wie gemacht für die Verbreitung der Mäusegerste. Die mit scharfen Widerhaken versehenen Grannen verfangen sich im Fell bodennaher Tiere, von denen es in der Stadt eine Menge gibt: neben Hunden und Katzen sind das vor allem Mäuse. Wenn man so will, gibt es dann doch Mäusebauern, die fleißig Gerste sähen.

- Eine besonders große Population von Mäusegerste wächst in Berlin. Das dortige trocken warme Stadtklima behagt ihr besonders.

- In China bereitet man aus Mäusegerste »Qingtuan-Dumplings« zu, eine beliebte Speise im Frühling. Dazu wird sehr klebriger Reis mit fein gehackter Mäusegerste vermischt. Daraus werden dann grüne Klöße geformt, die man mit süßer Bohnenpaste füllt.

Pfingstrose

Name: Paeonia, Pfingstrose, zahlreiche Arten, etwa: Gemeine Pfingstrose (Paeonia officinalis), Korallen-Pfingstrose (Paeonia mascula) oder Baumartige Pfingstrose (Paeonia arborea).

Saison: Die Pfingstrose blüht ab Mitte Mai und bis etwa Ende Juni.

Im botanischen Zyklus des Jahres besetzen die Pfingstrosen eine zentrale Rolle. Der fröhlich nervöse, grellbunte Überschwang des Frühlings ist gerade verblüht. Alles Laub ist ausgeschlagen, Früchte zeigen sich in winzigen, steinharten, hellgrünen Knoten. Die Vogelküken werden flügge, ihre Eltern müssen sich nicht mehr die Seele aus dem Leib zwitschern. Die Temperaturen steigen, aber die Morgenstunden sind noch kühl und taubeschlagen. Es ist ein Zwischenstadium, eine Jahreszeit ohne Extreme. In diese lindgrüne Sanftheit platzen nun Pfingstrosen. Es sind grobe Büsche. Ihre Blätter sehen aus wie riesige grüne Klauen. Die Pflanzen sind nicht heikel. Es reicht, ein Stück ihrer holzigen Wurzeln irgendwo in die Erde zu stecken, und schon wächst eine neue Pfingstrose. Vor allem aber die Blüten strotzen vor Vitalität. Die riesigen, kugelrunden Knospen sehen oft so aus, als wären sie von einer metallischen Schicht überzogen. Sie öffnen sich zu fluffigen Pompons. Es sind die größten Blüten, die in hiesigen Gärten zu bewundern sind. Gewöhnliche Rosen wirken im Vergleich dazu wie Mauerblümchen. Ihr Duft aber ist vergleichbar, nur dass Pfingstrosen noch ein bisschen süßer riechen als die echten Rosen. Kurz: Die Pfingstrose ist aufdringlich lieblich.

Das war jedoch nicht der Grund, wieso sie seit dem Altertum in Gärten gezüchtet wurde. Man hielt sie vielmehr für ein Wundermittel, mit dem so gut wie alle Krankheiten geheilt werden konnten. Hildegard von Bingen empfahl im 12. Jahrhundert: »Wenn ein Mensch den Verstand verliert, [...] tauche Päoniensamen in Honig und lege sie auf seine Zunge, so steigen die Kräfte der Päonie in sein Gehirn empor [...]. Aber nimm auch Päoniensamen und tauche sie in das Blut eines Blutegels und hülle dann die übelriechenden Samen in einen Teig aus Weizenmehl, und wenn jemand durch die Fallsucht zu Fall kommt, lege sie in seinen Mund, während er so daliegt, und tue dies, so oft er durch diese Krankheit zu Fall kommt und endlich wird er geheilt werden.«

Im 19. Jahrhundert geriet die medizinische Wirksamkeit der Pfingstrose in Zweifel, und im Jahr 1860 wurde »Radix Paeoniae«, so der Name der Droge, wegen Wirklosigkeit offiziell aus den Arzneibüchern getilgt. Das tat jedoch der Beliebtheit der Pfingstrose keinen Abbruch. Sie wurde nämlich zu einer Art Sehnsuchtspflanze der Stadtbevölkerung. Das lag am Boom der »Bauerngärten«. Historisch betrachtet gab es keine eigene Gartenform, die von Bauern kultiviert wurde. Bauern bauten in ihren Gärten einfach an, was sie in der Küche gebrauchen konnten. Der Botaniker Anton Kerner verfasste im Jahr 1855 die Schrift *Flora der Bauerngärten in Deutschland*, in der er das Idealbild des wilden, dichten, bunten und doch nützlichen Bauerngartens zeichnete – quasi das Gegenteil des künstlich gezierten Aristokratengartens. Im zunehmend zivilisationsmüden 19. Jahrhundert verfing das; der authentisch-ursprüngliche Bauerngarten avancierte schnell zum »locus amoenus«. Und die Pfingstrose in ihrer gesunden Robustheit (was sich auch an Namen wie Schweine-, Pumpel- oder Bauernrose zeigte) wurde als seine Krone erachtet. Mit ihr holte man sich Echtheit in den Garten.

Eine andere Symbolik hat die Pfingstrose im Fernen Osten. Auch dort wird sie, vor allem in der baumartigen Form, seit Jahrtausenden gezüchtet. In China steht sie nicht nur für Reichtum und das gute Leben. In der klassischen erotischen Literatur ist sie auch eine Chiffre für das Genital. Selbst wenn es keine eindeutige Ähnlichkeit zu weiblichen oder männlichen Geschlechtsteilen gibt, leuchtet das bei der Betrachtung einer vollends geöffneten Pfingstrosenblüte dennoch ein. Die schon zum Teil verwelkten Blütenblätter geben dann den Blick frei auf ein archaisch anmutendes Gebilde aus sehr vielen büschelartigen Staubblättern, die eine glänzende, sich hervorwölbende Narbe umstehen. Die Vitalität der Pfingstrose zeigt sich noch einmal auf ganz andere Weise.

- Die Pfingstrose hat mit über 3 Millionen Pollenkörnern je Blüte die höchste Pollenkornzahl heimischer Pflanzen.

Linde

Name: Tilia cordata, Winterlinde; Tilia platyphyllos, Sommerlinde; Tilia tomentosa, Silberlinde; Tilia x euchlora, Krimlinde; Familie: Malvengewächse.

Saison: Die Sommerlinde blüht ab Mitte Juni, die Winterlinde ab Anfang Juli. Krim- und Silberlinde blühen den ganzen Juli über.

Es ist umstritten, ob der Lindenbaum und das Adjektiv »lind« – für weich, biegsam und sanft – sprachgeschichtlich zusammenhängen. Aber es gilt als sehr wahrscheinlich. Alles an der Linde ist weich. Ihr fein gemasertes, helles Holz etwa, das sich nicht zum Bauen und Schreinern eignet, aber das beste Material zum Schnitzen und für die Holzbildhauerei ist. Ihr Bast – das Gewebe zwischen Rinde und Holz – ist so weich, dass früher daraus Stoffe gewebt wurden. Vor allem aber sind die Blätter der Linde weich. Auch ausgewachsen sind sie so geschmeidig wie ein Papiertaschentuch oder wie sehr dünnes, feines Leder. Ihre Unterseite ist mit einem hellen Flaum behaart. Die Weichheit der Lindenblätter ist so auffällig, dass sie im Mythos sogar übertragbar ist. Als im *Nibelungenlied* der Drachentöter Siegfried im heißen Blut des Drachen badet, fällt ihm ein Lindenblatt zwischen die Schultern. Überall wird seine Haut »hörnern«, nur an dieser Stelle bleibt sie zart und verletzlich. Hagens Speer wird hier eindringen und Siegfried töten.

Sanft ist auch der Duft der Lindenblüten. Er ist süß und cremig, wie Honig, oft fast etwas vanilleartig. Dafür verantwortlich ist vor allem die Substanz 2-Phenylethanol, einer der häufigsten Duftstoffe der europäischen Flora, der in der Linde aber besonders dominant ist. Das Aroma von Lindenblüten spielt auch in einer der emblematischen Passagen der modernen Literatur eine wichtige Rolle. In Marcel Prousts *Auf der Suche nach der verlorenen Zeit* trinkt der Protagonist eine Tasse Lindenblütentee und wird daraufhin übermannt von einem Gefühl, das er nicht einordnen kann: »In der Sekunde nun, als dieser mit dem Gebäckkrümeln gemischte Schluck Tee meinen Gaumen berührte, zuckte ich zusammen und war wie gebannt durch etwas Ungewöhnliches, das sich in mir vollzog. Ein unerhörtes Glücksgefühl, das ganz für sich allein bestand und dessen Grund mir unbekannt blieb, hatte mich durchströmt.« Kurz darauf wird ihm klar, woher dieser Schock im Guten kommt: Er hatte als Kind bei seiner Tante Lindenblütentee zu trinken bekommen. Proust unterscheidet diese »mémoire involontaire«, die das Subjekt trifft wie ein Blitz, vom willentlichen Erinnern. Dieses beschwöre stets nur eine kulissenhafte, verzerrte Vergangenheit. Jene aber lasse die eigene Geschichte für einen kurzen Moment lebendig werden. Es ist kein Zufall, dass in dem Roman diese Form der authentischen Vergegenwärtigung an Geruch – oder den daran gekoppelten Geschmack – gebunden ist. Längst weiß man, dass dieser Sinn besonders leicht Erinnerungen evozieren kann, weil es eine neuronale Autobahn von der Nase zum limbischen System im Gehirn gibt, der Schaltzentrale des Gedächtnisses. Aus diesem Grund funktionieren die Düfte des Frühlings – oder im Fall der Linde: des Sommers – wie ein Selbstverstärker. Sie laden die Gegenwart mit Vergangenheit auf. Wie kein zweiter Sinn macht uns die Olfaktorik zu geschichtlichen Wesen.

Die Linde vergegenwärtigt vergangene Sommernächte, schüttet sie ihren Duft doch vor allem ab den Abendstunden aus. Ganze Städte aromatisiert sie, denn bevor die Luftverschmutzung ihr das Leben schwermachte, war die Linde einer der am häufigsten gepflanzten Bäume in der Stadt. Am bekanntesten ist natürlich die Allee, die der brandenburgische Kurfürst Friedrich Wilhelm nach dem Dreißigjährigen Krieg, im Jahr 1647, in Berlin mit 1000 Linden bepflanzen ließ – und die bis heute den Namen »Unter den Linden« trägt. Aber auch in allen anderen Städten war die Linde der mit Abstand beliebteste Zierbaum. Dafür gab es – neben dem angenehmen Duft und dem schönen, stattlichen und doch nicht bedrohlich wuchtigen Wuchs – einen Grund. Wie kaum ein anderer heimischer Baum ist die Linde kulturell besetzt. Im Mittelalter wurde unter Linden Gericht gehalten. Aber auch getanzt wurde unter ihnen – manchmal sogar in ihrer Krone, in sogenannten »Tanzlinden«, in denen in luftiger Höhe ein Boden eingezogen wurde. In vielen Dörfern ist der zentrale Platz von einer Linde beschattet. Die Linde

symbolisiert so die verschiedenen Aspekte der Gemeinschaft: die Normen, über deren Einhaltung das Gericht wacht, aber auch das Feiern. Bis heute wird das besungen: »Wo wir uns finden, wohl unter Linden, zur Abendzeit.« Mit den Linden wollte man – vielleicht unbewusst – das altbewährte Symbol der dörflichen Gemeinschaft auch in die anonymen Städte tragen.

Dort wird die Linde gegenwärtig aber immer mehr zum Ärgernis. Das liegt an dem klebrigen Regen, den sie versprüht. Autos, die im Sommer unter Linden parken, sind innerhalb einer Nacht von einer pappigen Zuckerschicht überzogen. Zu allem Überfluss siedelt sich darauf auch noch der schwarze Rußpilz an, der die Karossen binnen weniger Tage aussehen lässt wie einem dystopischen Science-Fiction-Szenario entsprungen. Dafür verantwortlich ist genau genommen nicht die Linde selbst, verantwortlich sind die Blattläuse: Zierläuse und Napfschildläuse, die den reichlich produzierten süßen Pflanzensaft der Linden saugen. Da sie es auf Aminosäuren abgesehen haben, die darin nur in geringen Spuren vorhanden sind, brauchen sie sehr viel davon. Fast ihr ganzes Leben besteht aus Saugen und Ausscheiden von Zuckersirup.

Ameisen lieben diesen Honigtau, sie besteigen deshalb Linden zu Tausenden, um die Blattläuse zu melken. Auch Bienen kosten von der süßen Brühe (die übrigens von den Lindenblättern geleckt werden kann). Vor allem aber der Duft der Blüten lockt Bienen und Hummeln – Linden blühen, wenn die meisten anderen Bienenweiden schon längst verwelkt sind. Zu dieser Zeit sind viele der Insekten schon altersschwach. In blühenden Linden finden sie ein letztes Schlaraffenland. Sie schwirren um die Bäume, bis deren Nektar verbraucht ist. Dann verhungern sie. Ab Juli liegen unter Linden viele tote Bienen und Hummeln.

Noch in anderer Hinsicht ist die Linde ein Todesbaum. Sie blüht ab Ende Juni – der kalendarische Höhepunkt des Sommers ist da schon vorüber. Nicht alle ihrer Blüten entwickeln sich. Viele fallen ab, zusammen mit den zungenförmigen Hochblättern, mit deren Hilfe die reifen Lindennüsschen zu Boden segeln werden. So befindet sich unter blühenden Linden das falbe, trockene Laub der abgestorbenen Fruchtstände. Der Hochsommer hat gerade erst begonnen, und doch hört man schon den Herbst unter den Füßen knistern.

- In Städten werden heute vor allem die hier nicht heimischen Krim- und Silberlinden gepflanzt. Sie sind aufgrund ihrer stärker behaarten Blätter resistenter gegen Blattläuse, auch vertragen sie Trockenheit besser. Ihr Duft ist süßer als der der Sommer- und Winterlinden.

- Der Lindwurm ist mit der Linde nur indirekt verwandt. Beide Namen beziehen sich wahrscheinlich auf die Weichheit: Der Bast der Linde ist weich, und auch der Lindwurm, den man sich schlangenartig vorstellte, ist weich und kann sich deshalb gut winden.

- Die meisten noch nutzbaren Tanzlinden befinden sich in Franken und Thüringen. Die älteste steht im oberfränkischen Limmersdorf und stammt aus dem 17. Jahrhundert.

- Der Wuchs der Linden wird im Alter oft bizarr. Von innen fault der Hauptstamm, und von den großen Ästen wachsen dann im nun hohlen Stamm Wurzeln in Richtung Boden, die sogenannte Partialstämme bilden.

Sommerjasmin

Name: Philadelphus, Pfeifenstrauch, Falscher Jasmin, Sommerjasmin, Familie: Hortensiengewächse.

Saison: Der Pfeifenstrauch blüht ab Anfang Juni.

Einige botanische Missverständnisse halten sich hartnäckig. Etwa der weihnachtliche Tannenbaum. Der ist in Wirklichkeit oft eine ordinäre Fichte. Oder das, was oft als Akazie bezeichnet wird. Echte Akazien wachsen nur in den Tropen, die weißdoldigen Bäume, die unsere Städte bevölkern, sind Robinien, auch Scheinakazien genannt. Ähnlich verhält es sich mit dem Pfeifenstrauch. Nur botanisches Fachpersonal kennt diesen Namen. Korrekt sind auch die Bezeichnungen Sommerjasmin, Falscher Jasmin oder Bauernjasmin. Meist jedoch wird daraus einfach nur »Jasmin« – und das ist etwas ganz anderes.

Echter Jasmin stammt aus der Himalayaregion, ist ein Kletterstrauch und liebt es warm. Die kalten Winter nördlich der Alpen überlebt er im Freien nicht, weshalb er bei uns allenfalls als Topfpflanze anzutreffen ist. In Italien hingegen wuchert er in so gut wie jedem Vorgarten. Der Duft, den er dort verbreitet, ist so intensiv, dass er zuweilen Kopfschmerzen bereitet. Echter Jasmin riecht stechend süß. Dafür verantwortlich ist unter anderem Indol, das in hoher Konzentration nach Kot riecht, in geringen Dosen jedoch wie ein sehr komplexes, sehr dunkles Parfüm.

Bis auf die weiße Farbe der Blüten und deren Blühzeit im Frühsommer hat der Pfeifenstrauch mit seinem falschen Namensvetter nichts gemein. Er ist ein dicht wachsender Strauch, der die meiste Zeit des Jahres über ein unauffälliges Dasein fristet. Doch wenn er blüht, verzaubert er alle, die an ihm vorübergehen. Auch der Pfeifenstrauch duftet süß, was für die Verwechslung mit dem Jasmin sorgt; als der Pfeifenstrauch im 17. Jahrhundert aus seiner Heimat Südeuropa in Mittel- und Nordeuropa eingeführt wurde, wusste man von Echtem Jasmin nicht mehr, als dass dessen weiße Blüten sehr süß riechen. Dem Pfeifenstrauch aber fehlt alle Schwere. Echter Jasmin riecht nach Femme fatale, Sommerjasmin hingegen so simpel und

unschuldig wie ein albernes Kinderparfüm. Mit ihrem fruchtigen Duft erinnern die Blüten ein bisschen an Erdbeeren. Allerdings kann es auch sein, dass man hier einem olfaktorischen Trick auf den Leim geht. Der Pfeifenstrauch blüht zur Zeit der Erdbeerreife. So intellektuell wolkige Gebilde wie Düfte lassen sich nicht greifen, sie fransen aus – und so kann es zu einer Verschränkung dieser beiden typischen Frühsommergerüche kommen. Beide stehen sie für die Leichtigkeit des Frühsommers, wenn morgendlicher Tau noch die Wiesen benetzt, alles noch frisch und grün ist und selbst Melancholiker noch keine Gedanken an den früher oder später nahenden Herbst verschwenden.

- Auch der Name Pfeifenstrauch beruht auf einer Verwechslung. Zu seiner Einführung wurde er auch Syringa genannt, weil man davon ausging, dass aus seinen hohlen Ästen in der Antike die Syrinx-Flöte hergestellt wurde. Dabei handelte es sich aber um den Flieder.

- Ab dem 18. Jahrhundert wurde der Name dann gewissermaßen eingelöst: Man fertigte aus den Ästen des Pfeifenstrauchs die langen Schäfte für Porzellanpfeifen. Ebenso: Klistierspritzen. Auf Englisch heißt der Falsche Jasmin auch »mock orange«, »Schein-Orange«. Seine Blüten riechen zwar überhaupt nicht nach Orangenblüten, deren Duft aber ist dem des Jasmin sehr verwandt.

Robinie

Name: Robinia pseudoacacia, Robine, Scheinakazie, Familie: Hülsenfrüchtler.

Saison: Die Robinie blüht ab Mitte Mai.

Der griechische Begriff »neophyt« heißt so viel wie Neupflanze. Bezeichnet werden damit Gewächse, die in einem Habitat nicht heimisch sind - botanische Immigranten. In diesem Sinne sind auch viele Zuchtpflanzen wie Kartoffeln, Tomaten oder Dahlien in Mitteleuropa Neophyten. Eine etwas engere Definition von Neophyt besagt, dass die Pflanzen in ihrer neuen Heimat nicht nur angepflanzt werden können, weil ihnen Klima und Bodenbeschaffenheit gewogen sind, sondern dass sie sich auch hier von alleine vermehren. Die Robinie ist hierfür ein mustergültiges Beispiel.

Sie ist heute einer der am häufigsten in Städten anzutreffenden Bäume. Meist wird sie jedoch mit falschem Namen bezeichnet: als Akazie. Mit der Tribus der echten Akazien, die vor allem in den Subtropen verbreitet sind, haben Robinien allerdings nichts gemein - außer groben Ähnlichkeiten im Wuchs. Robinien stammen aus dem nordamerikanischen Virginia. Wahrscheinlich wurde die erste europäische Robinie von Jean Robin, dem französischen königlichen Hofgärtner, im Paris der 1620er Jahre gepflanzt. Robin war es auch, der nachträglich als Namenspate herangezogen wurde: Der große Systematiker Carl von Linné nannte den Baum Robinia pseudoacacia - der falsche, aber populäre Name ist so immer noch sichtbar und hält sich bis heute. Der sehr beliebte, kristallklare und duftig süße Akazienhonig stammt in Wirklichkeit von Robinien. Und der ist immer häufiger zu haben, denn eine der größten Stärken der Robinie ist ihre Blüte. Der Baum ist die nektarreichste hiesige Trachtpflanze für Honigbienen - und einer der duftendsten. Bis zu vierzig Schmetterlingsblüten hängen in einer Dolde zusammen, wovon ein Baum Tausende haben kann. Anfang Juni verwandelt er sich in eine schneeweiße Wolke. Da Robinien gerne als Alleebäume gepflanzt werden, sind oft ganze Straßenzüge von ihnen überwuchert. Der Duft ist dann kaum auszuhalten: Er ist über alle Maßen süß, kippt jedoch auch leicht ins

Ordinäre und erinnert an billiges Parfüm und die Klebrigkeit von Kaugummi oder Energydrinks. In luftiger Verdünnung jedoch, als blühender Einzelbaum, duftet die Robinie nach Honig und Liebe, vor allem in den warmen Abendstunden, wenn sie ihren Nektar kübelweise ausschüttet, um Nachtfalter zu locken.

Sosehr die Robinie zur Trachtzeit erfreut, so sehr wird sie vielen Stadtbewohnern schon kurz danach zum Ärgernis. Ein starker Regenschauer reicht schon, um das Gros der Blüten vom Baum zu waschen. Dann liegen sie in dicken, faulenden Haufen am Boden. Überhaupt ist die Robinie nicht gerade ein ansehnlicher Baum. Ihr Wuchs ist meist krumm, auch im Hochsommer schaut sie immer etwas kahl aus, sie trägt auffallend wenig Laub. Dafür befinden sich lange, harte Stacheln an den Ästen, totes Holz bleibt lange in den Kronen hängen.

Was man der Robinie ansieht, ist ihre Robustheit. Luftverschmutzung – die etwa Linden den Garaus macht – ist quasi kein Problem für sie. Auch ist sie so gut wie salzresistent. Mit mageren, steinigen Böden kann sie gut umgehen, in ihrem Wurzelwerk gibt es zahlreiche Knöllchen, in denen Bakterien Luftstickstoff binden und der Pflanze zur Verfügung stellen. Darüber hinaus versteht sich die Robinie auf sogenannte Allelopathie: Ihre Wurzeln sondern Giftstoffe ab, die das Wachstum anderer Pflanzen hemmen. Nicht einmal Trockenheit macht ihr Ärger. Das Laub bietet wenig Verdunstungsoberfläche, und zum Schutz ihrer Blätter kann die Robinie sie bei starker Sonneneinstrahlung schräg nach oben stellen.

Sie ist damit wie gemacht für große Städte. In Berlin und Brandenburg wächst sie an nahezu jeder Straße. Friedrich I. führte sie im frühen 18. Jahrhundert in Preußen ein, nach dem Zweiten Weltkrieg verbreitete sich die Pionierpflanze blitzartig auf den zahlreichen Schutthalden Berlins. Ebenso gerne wuchert sie an Bahnböschungen, wo die Samen vom Luftstoß der Züge aus den flachen Schoten geweht und verbreitet werden. Die Vitalität der Robinie kann allerdings auch zum Problem werden. Denn nicht nur auf unansehnlichen Brachen breitet sie sich aus, auch auf ökologisch hochsensiblem Magerrasen – und hier verdrängt sie fast alles, was vorher wuchs.

Die Robinie ist ein ausgemergelter, zuweilen etwas brutaler Survivalkünstler – der aber sehr süß parfümiert ist.

- Der Anteil von Robinien in deutschen Wäldern liegt bei weniger als einem Prozent. In Ungarn und in der Slowakei gehört sie inzwischen zu den wichtigsten Forstbäumen.

- Das Holz der Robinie ist sehr hart und beständig. Es wurde früher gern als Grubenholz eingesetzt, weil es vor dem Brechen mit einem lauten Knacks warnt. Auch wurden Werkzeugschäfte und Nägel daraus gefertigt. Das frische Holz hat jedoch einen sehr unangenehmen, säuerlich-erdigen Geruch, der Übelkeit erregt.

- Die flachen Hülsen der Robinie hängen bis zum Frühjahr an den Bäumen. Sie erinnern entfernt an Heuschrecken. Im englischsprachigen Raum heißt die Robine so auch »locust tree«, »Heuschreckenbaum«.

- Die Blüten der Robinie sind ein Beispiel für sogenannte Resupination: Sie gelangen erst durch eine Drehung um 180° in eine Lage, in der sie bestäubt werden können. Dafür verantwortlich sind ein Pumpmechanismus und kleine Gelenke.

07

Juli

Rose

Name: Rose, Rosae (Gattung), zahlreiche Arten, darunter die in Europa urheimische Essigrose (Rosa gallica) und die Hundsrose (Rosa canina), die vor allem für ihre Hagebutten bekannt ist.

Saison: Frühe Rosen blühen ab Mai, die Hauptblüte aber ist im Juli und August.

In allen Kulturen, in denen Gärten eine Rolle spielten, wurde die Rose als die schönste aller Pflanzen betrachtet. Wie kam ihr diese Würdigung zu? Eine sehr einfache Antwort darauf ist, dass die Rose in verschiedenen Arten auf der gesamten Nordhalbkugel heimisch ist. Rosen wachsen in Zentraleuropa und im Himalaya, im Dschungel von Mexiko und auf Grönland. So entstand eine über Jahrtausende sich aufschichtende, anreichernde und immer wieder wandelnde kulturelle Besetzung. Sie konnte nicht ausbleiben, denn die Rose erfüllt alles, um für Menschen von großer Bedeutung zu sein. Ihre Früchte, die Hagebutten, waren über Jahrtausende ein unersetzbares Nahrungsmittel – gerade in nördlichen Regionen, die nicht mit einer üppigen Fruchtflora gesegnet sind. Der Duft der Rosenblüten ist der kostbarste, den es im Pflanzenreich gibt: Die Mischung aus Lieblichkeit und frischen, harzigen Noten (für die die Substanzgruppe der Terpene verantwortlich ist, die sich auch in Walddüften findet), schlägt alle, die daran schnuppern, in Bann. Nicht zuletzt ist es die Wehrhaftigkeit der Rose, die ihre Bewunderer besticht. Die Rose ist das gewachsene Symbol dafür, dass Schönheit nicht ohne Schmerz zu haben ist.

In der klassischen abendländischen Kultur stand die Rose für drei Dinge: den Reichtum, die Lust und das Geheimnis. In der frühen römischen Republik wurde als höchste Auszeichnung, etwa für Kriegshelden, ein Rosenkranz verliehen. Die Rose war ein nahezu heiliges Symbol, das nicht entwertet werden durfte. Noch aus der Zeit der Punischen Kriege ist bekannt, dass Privatpersonen, die unerlaubt einen Rosenkranz trugen, ins Gefängnis geworfen wurden. Und wie es so ist mit den knappen Gütern: Sie sind begehrt. Bei Neros Gelagen regnete es Rosenblätter auf die Speisenden, Statthalter betteten sich in ihren Sänften auf Kissen, die mit Rosen gefüllt waren, in den Springbrunnen reicher Römer sprudelte Rosenwasser. Und natürlich

wurden Rosen auch gegessen, etwa als Rosenpudding, dessen Rezept überliefert ist: »Rosenblätter werden im Mörser gestoßen und durch ein Sieb gedrückt, dazu vier Kalbshirne, Pfeffer, Salz, acht Eier und anderthalb Gläser guten Weins. Das Ganze in eine gut geölte Form geben und im Ofen backen.« Um die Rosensucht der Römer zu befriedigen, wurden Galeerenladungen aus Nordafrika geliefert. In beheizten Gewächshäusern wuchsen Rosen auch im Winter, und der sittenstrenge Horaz klagte, dass die fruchtbarsten Getreidefelder in Rosenäcker verwandelt wurden.

Dass Rosen in der Antike so überaus beliebt waren, lag auch daran, dass sie wie keine zweite Pflanze für Sinnenlust standen. Rosen waren dem Rausch- und Lustgott Dionysos geweiht. Oder der Aphrodite. Wie die Liebesgöttin sollen sie aus Meeresschaum entstanden sein. Prostituierte trugen als Erkennungszeichen Rosen. Kein Wunder, dass dem Christentum die Rose ein Dorn im Auge war. Versuche, die Rosenliebe auszumerzen – etwa, indem Rosen als Grabschmuck verboten wurden –, schlugen fehl. Also machten sich die Kirchenväter daran, die Rose einzugemeinden. Sie wurde zum Sinnbild Marias, rote Rosen symbolisierten nun ihre Schmerzen. Rosen sollen auch aus dem Blutstropfen Jesu gesprossen sein. Ab dem 13. Jahrhundert

hießen die Gebetsschnüre »Rosenkranz«, und wenig später wurden »Tugendrosen« an besonders sittsame Frauen verliehen.

Geschnitzte Rosen zierten auch Beichtstühle. Das lag an einer weiteren Symbolik, die das Christentum erbte: Seit der Antike stand die Rose für das geheime Wissen. Wurde etwas »sub rosa« erzählt, waren alle Zuhörer zu größter Verschwiegenheit verpflichtet. Es ist unklar, worauf dieser Brauch zurückgeht. Die Griechen erzählten gerne, dass die entscheidende Schlacht gegen den Perserkönig Xerxes streng geheim in einer Rosenlaube geplant wurde. Vielleicht lag es auch daran, dass geneigte Betrachter in den fünf noch geschlossenen Kelchblättern der Rosenknospe ein Pentagramm erkannten – ein Zeichen, das seit dem ägyptischen Altertum mit Geheimwissen und Zauberei in Verbindung steht. Rosenblüten an den Beichtstühlen deuteten die erhoffte Verschwiegenheit des Beichtvaters an. Rosen hingen aber auch bei Gelagen an der Zimmerdecke und erinnerten die Zecher daran, dass alle Gespräche »sub rosa« stattfanden. Die Tradition hielt sich bis ins 19. Jahrhundert: Hier gemahnte die Deckenrose aus Stuck (die oft auch als Aufhängung des Kronleuchters diente) zur Dezenz.

Nach wie vor ist die Rose die beliebteste aller Blumen. Sie darf in keinem Brautstrauß fehlen, auch wird keine Pflanze so häufig auf Oberarme, Leisten und Knöchel tätowiert. Ihre ursprüngliche Symbolik hat sie dabei längst eingebüßt. Sie steht für kein Geheimnis mehr, außer bei der Wahl der Auserkorenen in Datingshows wie *Der Bachelor*, die mit einer überreichten Rose gezeigt wird. Und die Blumen, die nachts in Cafés und Bars zum Kauf angeboten werden, lassen nicht mehr an Überfluss denken, sondern nur noch an das Elend des Rosenverkäufers.

- Wildrosen wachsen immer als Strauch. Ihre Blüten bestehen nur aus fünf Blütenblättern. Gefüllte Rosen (also solche mit mehr als fünf Blütenblättern) wurden schon im Altertum gezüchtet. Stielrosen – deren Blüte auf einem langen Stiel sitzt – sind eine Züchtung aus dem 19. Jahrhundert und wurden in den USA populär.

Geißbart

Name: Aruncus dioicus, Wald-Geißbart, Familie: Rosengewächse.

Saison: Der Wald-Geißbart blüht im Juni und Juli.

Der Geißbart ist eine der wenigen Zierpflanzen, die aus mitteleuropäischen Wäldern stammen. Seine Heimat sind die alpinen Bergwälder, wo er an Böschungen von Bächen wächst. Da er aber sehr anspruchslos ist, nimmt er auch mit mageren Böden Vorlieb, und so verbreitete er sich ab dem 18. Jahrhundert als Gartenpflanze. Vor allem seiner Blüten wegen ist er beliebt. Die sind winzig klein und sitzen an langen Rispen. Wenn mehrere Geißbärte zusammenstehen – und das passiert leicht, denn die Pflanze breitet sich unterirdisch aus –, bilden ihre Blüten eine Wolke, deren Konturen zu flirren scheinen. Das liegt an den sehr langen Staubgefäßen, die den Blütenständen einen feenhaften Schimmer verleihen.

Dem entgegengesetzt ist der Name: Geißbart. Eigentlich ist er gut gewählt. Die weiblichen Blüten sind strahlend weiß, die männlichen taxi-beige, in Kombination erinnern sie an die Farbe heller Ziegen. Wenn die Blütenähren schon etwas in die Tage gekommen sind und die Köpfe hängen lassen, haben sie Ähnlichkeit mit den zotteligen, dürren Bärten der meckernden Tiere. Das ist aber auch das Problem: Die ätherische, schaumige Anmutung der Pflanze geht nur schwer zusammen mit dem Bild eines alten Bocks. Schöner ist da sein englischer Spitzname: »Bride's feathers« – »Brautfedern«.

- Im nordostitalienischen Friaul werden die jungen Triebe des Geißbarts gekocht. Sie erinnern an Schwarzwurzel.

Dahlie

Name: Dahlia x hortensis, Gartendahlie, Famile: Korbblütler.

Saison: Dahlien blühen ab Mitte August und bis in den November.

Blüten, die nicht duften, die gar keinen Geruch haben, noch nicht einmal einen seltsamen oder schwachen, irritieren. Sie betrügen um die Hälfte der floralen Attraktion. Und was sollen die Bienen mit ihnen anfangen? Man merkt ihnen an, dass sie Kunstprodukte sind, gezüchtet für gezierte Gärten – aber ansonsten ohne biologischen Nutzen. Eine Ausnahme ist die Gartendahlie. Auch an ihrer Blüte schnuppert man vergeblich. Dafür scheint es, als steckte die Pflanze alle Kraft, die sie sich bei der Synthese eines Duftes spart, in die Ausprägung einer besonders auffälligen Blüte. Dahlien wollen nicht nur betrachtet, sie müssen angefasst werden. Viele ihrer Blüten wirken nicht wie organische Gebilde, sondern wie Artefakte aus dem 3-D-Drucker. So exakt, so gleichmäßig, so symmetrisch, kurz: so extravagant-künstlich wirken sie, dass man sich keinen natürlichen Duft vorstellen könnte, der zu ihnen passt. Somit hat alles schon seine Richtigkeit.

Die Dahlienblüte ist das letzte, heftige Auflodern der Gartenpracht im botanischen Jahr. Dahlien verweisen stets auf Fleiß, sie wachsen nicht einfach am Straßenrand, sondern müssen aufwändig gepflegt werden. Ist eine Blüte aufgebrochen, muss sie sofort abgeschnitten werden, die Samenreifung würde der Pflanze Lebenskraft kosten. Sobald der Frost kommt, müssen die Knollen ausgegraben, geputzt und bei acht Grad und 50 Prozent Luftfeuchtigkeit gelagert werden – um dann im nächsten März wieder eingegraben zu werden. Diese Mühe aber entlohnt die Dahlie mit ihrer flamboyanten Schönheit. Es gibt Zehntausende Dahliensorten, die gärtnerisch in 15 Klassen eingeteilt werden: etwa die exakt kugelförmigen Ball-, die kompakten Pompon-, die igeligen Anemonen- oder die zerrupften Hirschgeweihdahlien.

Keine andere Blühpflanze weist eine solche Formenvielfalt auf wie die Dahlie. Das ist umso erstaunlicher, als die 42 inzwischen bekannten Wild-Dahlien-Arten, die alle in Mexiko wachsen, zwar sehr farbenfroh sind, aber auch sehr einfache Blütenformen haben. Vergleichsweise spät nach der Entdeckung der Neuen Welt – 1789 – erreichten die ersten Dahlien Europa und wurden hier als nette, aber nicht sonderlich spektakuläre Gartenblumen gezüchtet. Dann aber kam es zu Mutationen und Hybriden. Aus den Arten Dahlia coccinea und Dahlia pinnata bildeten sich die ersten gefüllten Dahlien, und schon bald kam es zu den wildesten oder eher: den künstlichsten Formen. Zu dieser Zeit, im frühen 19. Jahrhundert,

trug die Blume den Namen Dahlia variabilis – vielfältige Dahlie. Die Ursache dieser Diversität ist bisher nur ansatzweise erforscht. Sicherlich liegt es nicht nur am gärtnerischen Fleiß. Rosen und Tulpen werden schon viel länger gezüchtet, haben bei allen unterschiedlichen Färbungen aber immer ähnliche, wiedererkennbare Formen. Das Erbgut von Dahlien ist anscheinend besonders anfällig für Mutationen, die Pflanze weist jedoch auch die Fähigkeit auf, diese neuen Sorten zu stabilisieren.

Im Jahr 1846 – da waren bereits Tausende Sorten gezüchtet – schrieb die Royal Caledonian Horticultural Society of Edinburgh einen Preis aus: Wer es vollbringe, eine blaue Dahlie zu züchten,

solle mit 2000 Pfund belohnt werden. Auch wenn die Dahlie in Sachen Blütenformen ein wahrer Proteus ist, bringt es die Pflanze nicht zustande, eine blaue Blütenfarbe zu generieren. Der Grund dafür ist, dass sie den nötigen Anthocyan-Farbstoff Delphinidin nicht vollständig synthetisieren kann. Trotzdem versuchen sich Züchter seit über 150 Jahren an dieser Aufgabe, schaffen aber bisher nur bläuliche Farben wie Mauve, Flieder und Violett. Japanische Pflanzengenetiker impften dem Erbgut der Dahlie zwar kurzerhand fremde DNS ein, die eine Delphinidin-Synthese ermöglicht, traditionellen Züchtern aber ist dieser moderne Hokuspokus ein Graus. Und so wurde der Preis der schottischen Blumengesellschaft bis heute nicht vergeben.

- Dahlien wurden im 18. Jahrhundert nicht nur als Zierblumen in Europa eingeführt, sondern auch als Speisepflanze. Ihre Knollen sind essbar und erinnern gekocht an Süßkartoffeln.

- Die Blüten vieler Dahliensorten sind nach einem strengen geometrischen Prinzip geordnet, der sogenannten Fibonacci-Folge. Die zeigt sich etwa auch in der Anordnung von Sonnenblumensamen in der Blüte und scheint ein natürliches Wachstumsmuster zu sein.

- Dahliensorten haben besonders oft putzige, vom Zeitgeist geprägte Namen. So gibt es das »Silberpüppchen«, den »Roten Schorsch«, das »Schöne Kind von Königsberg«, die »Boogie Woogie« oder die »Hot Lips«.

- Eine der jüngsten Dahlien-Neuzüchtungen wurde nach Kristina Vogel, der Olympiasiegerin im Bahnradfahren, benannt.

Biotop Wiese

Name (Auswahl an Wiesenpflanzen): Festuca pratensis, Wiesenschwingel, Familie: Süßgrasgewächse. Centaurea jacea, Wiesenflockenblume, Familie: Korbblütler. Sanguisorba minor, Kleiner Wiesenknopf, Kleine Pimpernell, Familie: Rosengewächse. Filipendula ulmaria, Echtes Mädesüß, Familie: Rosengewächse.

Saison: Je nach Höhenlage findet die erste große Wiesenmahd zwischen Mai und Juli statt. Es folgt ein zweiter Schnitt am Ende des Hochsommers, mancherorts noch einer im Herbst.

Das Verhältnis von Wiese und Rasen ist einfach. Rasen ist böse, Wiese ist gut. Rasen besteht oft nur aus drei hochgezüchteten Gräserarten, auf einer Wiese sind es nicht selten sechzig und mehr Pflanzenarten. Rasen muss meist bewässert und gedüngt werden, Wiesen sind ein sehr stabiles, robustes Ökosystem. Rasen ist trotz seiner grünen Farbe eine lebensfeindliche Wüste für Tiere, auf Wiesen tummeln sich bis zu 1500 verschiedene Insektenarten. Rasen steht für Vorstadtspießigkeit, Wiesen für sonnige Nachmittage mit Blick in den weiten, blauen Himmel. In einer Hinsicht ähneln sich Wiese und Rasen jedoch: Beide sind auf Menschen angewiesen. Wird Rasen nicht gepflegt, entwickelt er sich zu einer Art Steppe. Wird die Wiese nicht gemäht, verwaldet sie.

Ganz und gar wird das Biotop Wiese von der Mahd bestimmt, dem Mähen. Über Jahrtausende war ein Großteil der Viehwirtschaft – Rinder und Pferde – auf Heu als Futter angewiesen. Traditionell gibt es mindestens zwei Schnitte im Jahr: einen im Früh- und einen im Hoch- und Spätsommer. Daraus folgt ein hoher Selektionsdruck. Werden etwa junge Bäume oder Sträucher gekappt, gehen sie ein. Krautige, also nicht verholzende Gewächse wie Gräser hingegen haben kein Problem mit dem Abschneiden. Da sie sich vor allem vegetativ, über Ausleger der Wurzeln, vermehren, müssen sie auch keine Samen bilden.

Wiesen bestehen aus vier Schichten. Unter der Erde liegt die Wurzelschicht. Wie kein zweiter Boden kann Wiesengrund Feuchtigkeit speichern. Das merkt man, sobald man sich auf eine

Der kleine Wiesenknopf, auch Pimpernell genannt.

Wiese setzt. Selbst im Hochsommer stempelt der Boden feuchte Flecken in die Hose. Über der Wurzelschicht, direkt am Boden, liegt die Streuschicht. Auch sie hat noch eine sehr hohe Feuchtigkeit und ist stets schummrig. Die Streuschicht ist die Arena der Kriech- und Krabbeltiere, der Schnecken, Ameisen und Käfer. Das nächste Stockwerk ist die Krautschicht. Hier findet der Wettkampf ums Licht statt, die Pflanzen strecken sich, um an die Sonne zu gelangen. In der Krautschicht wird Biomasse für das Heu produziert, Grashüpfer sägen hier ihre schrillen Töne. Zuoberst kommt die Blütenschicht. Hier führen Honigbienen und Hummeln das Regiment. Die Wiesenblumen, die sie anfliegen, werden meist nur als Masse wahrgenommen, als Kollektiv Wiesenblume. Betrachtet

man sie jedoch genauer, zeigen sie sich als zum Teil exzentrische Schönheiten. Etwa die Wiesenflockenblume mit ihrer pinken Sturmfrisur. Oder der Wiesenknopf, der mit seinen dunklen, schuppigen Kapseln wie ein fremdartiges Gewürz aussieht.

Die schönste Wiesenpflanze aber ist das Mädesüß. Das hat nichts mit süßen Mädchen zu tun, vielmehr trägt es die Mahd der Wiese im Namen. Es ist das aromatischste Wiesenkraut. Im Umkreis mehrerer Meter ist sein Duft zu vernehmen, besonders dann, wenn die Pflanze gemäht wird. Auch der englische Name »meadowsweet« – Wiesensüß – bezieht sich auf den außergewöhnlichen Duft. Der ist äußert komplex. Zum einen riecht Mädesüß stark nach Honig – so sehr, dass Imker mit den Blüten neue Bienenstöcke einreiben, um den Insekten ihr Zuhause etwas wohnlicher zu gestalten. Genau genommen ist der Duft aber viel süßer als echter Honig, er erinnert eher an gebrannte Mandeln. Unter der zuckrigen Jahrmarktsherrlichkeit aber liegt noch ein ganz anderer Geruch: nämlich der nach Apotheke, genauer: nach Aspirin. Das liegt daran, dass in den Blüten von Mädesüß Salicylsäure enthalten ist, eine dem Kopfschmerzmittel sehr nah verwandte Substanz. Nachweislich würzten schon Germanen Honigwein mit den Dolden der Pflanze. In Schweden wird Bier bis heute damit aromatisiert. Alkoholische Getränke mit Mädesüß zu würzen hat gleich zwei Vorteile: zum einen den interessanten zwischen Zuckerwatte und Chemielabor changierenden Geschmack. Vor allem aber trinkt man auf diese Weise die Katermedizin gleich mit.

• Bis ins 19. Jahrhundert war der Einsatz von Streukraut üblich. Das war eine Mischung aus getrockneten Wiesenkräutern, Pfefferminze und anderen aromatischen Gewächsen, die in Küche und Esszimmer von Bauernhäusern verstreut wurde. Sie verbreitete einen angenehmen Geruch, band Schmutz und Flüssigkeiten und wurde einmal in der Woche ausgekehrt.

Steppenkerze

Name: Eremurus stenophyllus, Schmalblättrige Steppenkerze, auch: Kleopatranadel oder Wüstenschweif, Familie: Grasbaumgewächse.

Saison: Die Steppenkerze blüht ab Juni und bis in den August.

Auch bei Blumen und Zierpflanzen gibt es Moden. Zum Beispiel die Nelke. Um die Wende zum vorletzten Jahrhundert war sie - neben der Rose - die beliebteste aller Schnittblumen. Der Wohlstand eines ganzen Landstriches, der italienischen Blumenriviera, fußte auf Nelken. Im Kommunismus waren rote Nelken Staatsblumen, bei jeder Gelegenheit wurden sie als Auszeichnung überreicht. Ab 1989 ging es steil bergab mit der Nelke, die Blumen galten als altmodisch und muffig, die Gewächshäuser an der Blumenriviera lagen brach. Ob die jüngsten tastenden Versuche, Nelken als hippe Retroblumen zu etablieren, verfangen, muss sich zeigen. Möglich ist es.

Ein Beispiel für eine aktuell sehr modische Pflanze ist die Steppenkerze. Sie wurde relativ spät, im frühen 19. Jahrhundert, botanisch beschrieben und war lange Zeit nur ein exotischer Freak in botanischen Gärten. Besonders sieht sie in der Tat aus. Das Grün der Steppenkerze ist spärlich und unauffällig. Schon ab Mitte Juli bildet es sich zurück, was an die Herkunft der Steppenkerze erinnert: karge Regionen in Nordiran und Zentralasien. Da es dort im Sommer sehr trocken ist, speichert die Pflanze in ihrem Wurzelgeflecht zuvor so viel Energie wie möglich. Das reicht, um die spektakuläre Blüte zu versorgen. Die präsentiert sich als langer, kräftiger Schaft, an dessen Ende dicht gedrängt Hunderte weiße, gelbe oder orangene Blüten sitzen, die mit langen Staubgefäßen bewimpert sind. Das Ganze ist eine sehr phallische Erscheinung, die Steppenkerze leuchtet weithin in floraler Potenz.

Für ihre Konjunktur sind zwei Trends verantwortlich. Zum einen das Wuchern der pflegeleichten Kiesgärten, das vor allem in Neubausiedlungen am Stadtrand und auf dem Land zu beobachten ist. In den naturgemäß trockenen und sehr sonnigen (man könnte auch sagen: wüstenhaften) Kiesgärten fühlt sich die Steppenkerze pudelwohl. Gartenplaner empfehlen sie als »feurigen Akzent« im

eleganten Grau. Minimalismus ist auch der Grund für ihre Beliebtheit als Schnittblume. Mit ihrem langen Stiel ist die Steppenkerze wie gemacht für einen eleganten Singleauftritt in Bodenvasen. In den hell und bewusst karg eingerichteten Appartements, die ab 2010 von Wohnmagazinen zum hegemonialen Stil ausgerufen wurden, machen sich solche Solitärblumen besonders gut.

Aber wie es mit der Mode ist: Sie verblasst. Einige Jahre später schon wirkt die Steppenkerze etwas aufgeplustert und angestaubt. Das ist ein bisschen gemein, denn was kann diese exzentrische Schönheit dafür, an schale Zeitgeistphänomene gekettet zu sein? Das Gute ist, dass es sie noch geben wird, wenn kein Mensch sich mehr an Kiesgärten erinnert.

- Neben der genannten Sorte gibt es noch die Riesensteppenkerze, Eremurus robustus. Sie stammt aus Afghanistan und wird bis zu zweieinhalb Meter hoch.
- Obwohl die Steppenkerzen nicht giftig sind, werden sie in ihrer Heimat von Weidetieren gemieden.

Brennnessel

Name: Urtica dioica, Große Brennnessel, Familie: Brennnesselgewächse.

Saison: Die Große Brennnessel wächst ab März. Die fadenartigen Blüten sind ab Juni zu sehen.

Die Brennnessel ist die erste Pflanze, zu der Kinder eine intensive Beziehung aufbauen – und nie eine gute. Die Brennnessel ist in allen gemäßigten Zonen der nördlichen Hemisphäre heimisch, allgegenwärtig ist sie in der mitteleuropäischen Flora. Sie wächst wie das sprichwörtliche Unkraut, überall dort, wo es feucht und nicht zu sonnig ist: an den Rändern von Wiesen, Wäldern und Wegen. An feuchtwarmen Sommertagen vernimmt man auch einen angenehmen grün-nussigen Geruch, von dem man erst lernen muss, dass er der Duft der Brennnesseln ist. Unvermeidlich ist es, dass Kinder bei ihren ersten sommerlichen Exkursionen jenseits des Schutzradius der Eltern mit ihren nackten Beinchen an die haarigen Blätter geraten oder gar, wenn es dick kommt, das Laufrad in ein ganzes Brennnesselfeld steuern. Das Geschrei ist dann abgemachte Sache und markerschütternd. Denn wie der Name schon sagt: Die Brennnessel brennt, und zwar intensiv und lang anhaltend.

Dafür verantwortlich ist ein ausgeklügelter Schutzmechanismus der Pflanze. Auf Stängeln und ausgewachsenen Blättern sitzen winzige Haarzellen. Die sind eingesenkt in einen elastischen Fuß, ihr Mittelstück besteht aus einer verkalkten und verkieselten Substanz, es ist durchsichtig und brüchig wie hauchdünnes Glas. An seiner Spitze befindet sich ein Köpfchen. Schon bei leichtester Berührung bricht es ab, es entsteht eine mikroskopisch kleine, scharfkantige Kanüle, die den Inhalt der Haarzelle – vor allem die Jucksubstanz Histamin und ätzende Ameisensäure – in die Haut des Aggressors injiziert.

Die dadurch verursachte Verbrennung ist unangenehm, aber absolut ungefährlich, volksmedizinisch wurde und wird sie sogar gegen Rheuma eingesetzt.

Die Bissigkeit der Brennnessel hinderte die Menschen nie daran, sich ihrer habhaft zu machen, seit Jahrtausenden wird sie genutzt. Die jungen Triebe werden als Gemüse gegessen, heute werden sie, trotz des etwas schalen, fischartigen Geschmacks aber wegen großen Mengen an Kalium, Eisen, Vitaminen und Flavonoiden als attraktives Superfood gehandelt. Brennnesseln gehören darüber hinaus zu den sogenannten Stickstoffzeigern, sie wachsen besonders gern auf überdüngten Böden und können in ihren Blättern große Mengen an Stickstoff speichern. Diese für alle Pflanzen lebensnotwendige Substanz wird wieder freigesetzt, wenn man Brennnesseln in Wasser einlegt und eine »Brennnesseljauche« ansetzt. Das ist eine unfassbar widerliche, nach Tod und Pestilenz stinkende braune Brühe, die jedoch für andere Pflanzen eine Art Lebenselixier darstellt. Aus den winzigen Samen der Brennnessel lässt sich ein hochwertiges Öl pressen.

Vor allem aber die Stängel wurden und werden genutzt. Mit bis zu 7,5 Zentimetern Länge sind die Bastfaserzellen mit die längsten Zellen heimischer Pflanzen. Die Fasern lassen sich isolieren, woraus dann Nesselstoff gewebt werden kann. Seit der Jungsteinzeit wird Nesselgewebe genutzt, etwa, nachdem es mit Pech getränkt wurde, um daraus leichte, aber doch stabile Köcher zu bauen. Die Gewinnung von Nesselstoff ist sehr anstrengend, durch Klopfen, Reiben und Waschen müssen Rinde und anderes Pflanzengewebe entfernt werden. Die Herstellung von Leinen aus Flachs war stets viel einfacher, aber da Flachs angebaut werden musste und also mit Nährpflanzen konkurrierte, wurde in Perioden des Darbens immer wieder auf die Nessel zurückgegriffen. So auch im Ersten Weltkrieg, als Deutschland und Österreich vom Baumwollmarkt abgeschnitten waren und auch Leinen knapp wurde. Uniformen wurden nun aus Nesselstoff geschneidert. Der war jedoch so grob, dass die Brennnessel ihrem Namen auf andere Weise gerecht wurde: Die Uniformen waren so rau, dass die Soldaten sich regelmäßig daran blutig scheuerten.

• Der Brennnessel auf den ersten Blick zum Verwechseln ähnlich sieht die Taubennessel. Auch sie hat leicht haarige, gezackte Blätter. Im Gegensatz zur Brennnessel ist sie jedoch zahm, sie hat keine Nesselzellen.

Stechapfel

Name: Datura stramonium,
Gewöhnlicher Stechapfel,
Familie: Nachtschattengewächse.

Saison: Der Stechapfel blüht ab Juni,
die Früchte sind ab August reif.

Der Stechapfel schreit: »Iss mich nicht!« Seine groben, fleischigen Blätter sind scharf gezackt und von winzigen stacheligen Härchen überzogen. Der Stechapfel gehört zur Familie der Nachtschattengewächse, und in der Tat hat die Pflanze etwas sehr Nächtliches an sich. Die langen, trompetenförmigen Blüten öffnen sich erst am Abend. Dann verströmen sie einen narkotisch süßlichen Duft, der sich aber mit dem widrigen Geruch der übrigen Pflanze mischt: Der ist scharf, grün, wie der Schweiß Drogensüchtiger. Vor allem signalisieren die namensgebenden Früchte des Stechapfels Gefahr. Sie sind sehr stachelige Kugeln, die aussehen, als hätte sich ein Covergestalter von Black-Metal-Alben ein Sextoy ausgedacht.

Der Schein trügt nicht: Der Stechapfel gehört zu den wenigen heimischen Pflanzen, die stark, potenziell sogar tödlich giftig sind. Das liegt an den Alkaloiden, die in allen Teilen der Pflanze vorhanden sind, besonders Scopolamin. In geringen Dosen wirkt dieses auch als starkes Rauschmittel. Schamanen im Amazonasgebiet geben scopolaminhaltige Pflanzen in die Getränke, mit deren Hilfe sie die Geisterwelt betreten. Nachtschattengewächse, vor allem der Gewöhnliche Stechapfel, waren im an Rauschpflanzen ansonsten armen Europa lange Zeit die einzige halluzinogene Droge. Aber als das wurde sie nicht gesehen. Die Idee, dass eine Pflanze aufgrund der darin enthaltenen Substanzen berausche, ist eine entschieden moderne. Wieder einmal war es der Botaniker Carl von Linné, der diesen Gedanken entwickelte. In seiner 1762 veröffentlichten Schrift *Inebriantia* (also Rauschmittel) systematisierte er die ihm bekannten Rauschpflanzen. Er bemerkte, dass die meisten Drogen einen bitteren Geschmack hätten, gab jedoch auch zu, dass es zu seiner Zeit noch keine befriedigende Erklärung für die Wirkmechanismen der psychotropen Substanzen gebe.

Vor Linné wurde die Wirkung des Stechapfels und anderer Nachtschattengewächse wie der Tollkirsche und des Bilsenkrauts magisch erklärt: Sie öffneten die Tür zur Welt der Dämonen und des Zaubers. Der Scopolaminrausch ist solchen Ideen sehr günstig. Er zeichnet sich durch zwei Effekte aus. Zum einen ist er stark erregend: Die Haut rötet sich, der Puls rast, man schwitzt und leidet unerträglichen, unlöschbaren Durst. Zum anderen bewirkt Scopolamin echte Halluzinationen. Viele andere Halluzinogene, etwa LSD oder Psilocybin, lösen nur Pseudohalluzinationen aus. Die Realitätswahrnehmung ist stark verzerrt, etwa durch Farbeffekte. Der oder die Berauschte ist sich aber stets darüber im Klaren, »under the influence« zu sein. Nicht so bei der Rauschmittelgruppe der Delirantia, zu denen Scopolamin gehört. Die bizarre Welt, die sie zu betreten helfen, signalisiert an keiner Stelle Irrealität, sie fühlt sich ganz und gar wahr an. Wer sich im Mittelalter mit stechapfelhaltiger »Hexensalbe« eincremte, war sich sicher, tatsächlich mit dem Teufel oder seinen Gespielinnen geschlafen zu haben – auch wenn er oder sie in Wirklichkeit röchelnd in der Ecke der Hütte lag.

Der Gewöhnliche Stechapfel wächst wie Unkraut auf nährstoffreichen Flächen in der Stadt wie auf dem Land, sein südamerikanischer Verwandter, der Trompetenbaum, wird gerne als Topfpflanze gezogen. Nach wie vor ist er eine der zugänglichsten Rauschpflanzen, wovon besonders Jugendliche Gebrauch machen, die noch keinen Zugriff auf exquisitere Drogen haben. Regelmäßig enden die sehr anstrengenden Räusche jedoch in der Notaufnahme der Psychiatrie. Und wie die Hexen und Hexer des Mittelalters alle vom gleichen Erlebnis berichteten – den Teufel getroffen zu haben –, so sind auch die modernen Jenseitsreisen von ähnlichen Elementen beherrscht. Die von Scopolamin Berauschten erzählen meist, dass sie auf zahlreiche komplett gewöhnliche, ihnen aber völlig unbekannte und teilnahmslose Menschen gestoßen sind.

- Die Urheimat des Nachtschattengewächses ist wohl das subtropische Nordamerika oder Asien. Seit dem 16. Jahrhundert ist es in Europa nachgewiesen. Es kann jedoch auch sein, dass seine Ausbreitung über die gesamte nördliche Hemisphäre schon viel früher stattfand.

- Hühnerdiebe benutzten früher Stechapfelköder, um die Tiere zu betäuben. Reines Scopolamin wird heute gelegentlich von Kriminellen auf Raubzügen eingesetzt. Ihre Opfer werden durch die Substanz willenlos, bleiben aber ansprechbar und können die Räuber zum Beispiel noch zu ihrer Wohnung führen.

08

August

Große Klette

Name: Arctium lappa, Große Klette, Familie: Korbblütler. Nah verwandt mit der Großen Klette sind die Kleine Klette (Arctium minus) und die Filzklette (Arctium tomentosum). Letztere zeichnet sich durch hellen Filz auf der Blattunterseite und auf den Blüten aus.

Saison: Die Große Klette blüht ab Juli. Die Früchte sind ab September reif.

Die Große Klette ist eine leicht unheimliche Pflanze. Nicht, dass sie etwas Böses täte. Gut, die reifen Fruchtstände, die sprichwörtlichen Kletten, haften an Textilien und können feine Stoffe beschädigen. Allergiker haben auch gelegentlich mit den winzigen, borstigen Flughärchen der Samen zu kämpfen, die die Haut reizen können. Aber das ist nicht weiter schlimm. Diese geringfügigen Widrigkeiten werden auch leicht aufgewogen von dem Nutzen und den exotischen Genüssen, die die Klette bietet. Die bis zu zwei Meter lange Klettenwurzel ist mit ihrer knackigen Struktur und ihrem leicht süßen und erdigen Geschmack ein äußert interessantes Gemüse, das jedoch in Europa, wo die Klette urheimisch ist, kaum gegessen wird, wohl aber unter dem Namen Gobō in Japan. In England wird aus Kletten- und Löwenzahnwurzel schon seit dem Mittelalter eine braune Limonade gebraut, »Dendelion and Burdock«, die süß, bitter und seltsam schmeckt, also im besten Sinne englisch.

Was die Klette unheimlich macht, ist ihre sehr spezielle Schönheit. Das fängt schon bei den Blättern an. Die sind fleischig und viel größer, als man es von heimischen Pflanzen gewöhnt ist. Überhaupt wirkt die Klette in ihrer Vitalität – sie wächst sehr schnell und bildet große Felder – eher wie eine verschleppte Urwaldpflanze, sie will so gar nicht in die von Gleichmaß und Milde bestimmte europäische Flora passen. Vor allem die Blütenstände wirken wie Aliens. Es sind regelmäßig ausgeformte Kugeln, an deren Oberfläche Haare sitzen, die mit einem winzigen Widerhaken versehen sind. Diese Blüten lassen an Krankheit denken. Einzeln sehen sie aus wie die präzisen geometrischen Virenfiguren unter einem Elektronenmikroskop, zusammengeballt und in sich verhakt erinnern sie an ein wucherndes Geschwür – das schließlich aufbricht, wenn die Blüten sich öffnen und violette Blütenblätter zum Vorschein kommen. Das alles ist faszinierend. Vor Großen Kletten bleibt man unweigerlich stehen, betrachtet sie mit Befremden und Sicherheitsabstand. Der ist aber gar nicht nötig: Berührt man die Große Klette, stellt man fest, dass die ganze Pflanze samtweich ist.

An den Spitzen der Klettenfrüchte erkennt man die winzigen, elastischen Widerhaken.

- Die Kletten sind zweijährige Pflanzen. Im ersten Jahr bilden sie Blätter und die starke Wurzel aus, der Fruchtansatz erfolgt dann im zweiten Jahr.

- Klettenwurzeln spielten früher in der Volksmedizin eine große Rolle. Wurzelpräparate wurden unter anderem bei Hautkrankheiten verwendet. Bis heute gibt es Klettenwurzelhaaröl, das einen positiven Effekt auf die Kopfhaut haben soll.

Biotop Balkon

Name (Auswahl an Balkonpflanzen): Pelargonium, Geranie, zahlreiche Arten und Sorten, Familie: Storchschnabelgewächse. Petunia, Petunie, zahlreiche Arten und Sorten, Familie: Nachtschattengewächse. Begonia x tuberhybrida, Knollenbegonie, Familie: Schiefblattgewächse.

Saison: Alle Balkonblumen blühen ab Juni. Im August erreichen sie ihren Zenit.

So selbstverständlich Balkone heute erscheinen: Es gibt sie erst seit gut 100 Jahren. Zwar existierten schon im alten Ägypten hervorstehende, betretbare Gebäudeteile, dabei handelte es sich jedoch um sogenannte Erscheinungsbalkone. Auf ihnen präsentierte sich der Herrscher dem Volk. Bis heute gibt es dieses Ritual, so auf der Benediktionsloggia am Petersdom: dem Balkon, auf dem sich ein neuer Papst zum ersten Mal zeigt. Aber auch in der Vormoderne hegten Stadtbewohner schon den Wunsch, aus einem geschlossenen Raum ins Freie zu treten, ohne auf die Straße zu müssen. Dafür gab es jedoch – natürlich nur in den Häusern der Reichen – die Loggia im Innenhof. Ein Freisitz an der Gebäudefront wäre absurd erschienen. Da auch die Straßen der feinen Viertel der Stadt bis ins 19. Jahrhundert mit Kot und Unrat bedeckt waren, wollte man sich nicht länger als irgendwie nötig in deren Dunstkreis aufhalten.

Der Balkon, wie wir ihn kennen, wurde auf dem Land erfunden. Nur hatte auch er über lange Zeit nichts mit Freizeit zu tun. Bauernhäuser im alpinen Raum hatten zahlreiche sehr große, überdachte Balkone – Schrote genannt. Das waren Wirtschaftsräume, hier wurden Flachs und Wolle getrocknet, auch standen auf den Schroten die Bienenkörbe. Als im 18. Jahrhundert einige Bauern reicher wurden, verwandelte sich die Funktion des Schrots. Elemente des Kirchenbaus, etwa kleine gedrechselte Säulen, signalisierten nun Wohlstand. Bald darauf wurde ein weiterer Bestandteil der sakralen Repräsentation auf dem Balkon profanisiert, der Blumenschmuck. Und da in der Mitte des 19. Jahrhunderts die aus Südafrika importierten Pelargonien – im Volksmund Geranien genannt – en vogue waren, blühten diese immer öfter auf den prächtigen Balkonen der begüterten Bauern. Von diesen bäuerlichen Häusern

Geranien, die eigentlich
Pelargonien heißen.

ließen sich Architekten städtischer Wohnbauten um die vorletzte Jahrhundertwende inspirieren. Zum einen waren Balkone nun auch Zierelement von Prachthäusern. Später dann wurden sie vor allem im sozialen Siedlungsbau eingesetzt. Längst hatte man erkannt, dass die beengten, dunklen Schachtelwohnungen in den Großstädten ihre Bewohner krank machten. Der Balkon sollte hier Abhilfe schaffen: ein kleiner, luftiger Garten.

Das ist der Balkon bis heute. In den teuren Vierteln bauen geschmacksbewusste Großstadtbewohner darauf Walderdbeeren, Estragon und Rucola an. Aber das ist eine Randerscheinung. In den meisten Fällen hat der Balkon seinen kleinbürgerlichen Ruf nie verloren. Das zeigt sich vor allem auch an seiner Bepflanzung. Das Balkonbiotop ist denkbar konservativ. Was sich einmal bewährt hat, wird nicht geändert. Neben den Geranien mit ihrem weichen, behaarten Flor und ihren dichten Blütentrauben kommen vor allem Fuchsien zum Einsatz. Die Blumensträucher fallen mit ihren bizarr leuchtenden Blüten auf. Ebenso beliebt sind die dicht wachsenden Petunien und Begonien mit ihren fleischigen Blüten. Alle diese Balkonpflanzen haben mehrere Gemeinsamkeiten. Viele Balkongärtner kennen zum Beispiel die Namen der Pflanzen nicht (mal abgesehen von der Geranie). Sie sind verschmolzen zu dem Kollektiv »Balkonblume«, das man jährlich neu im Supermarkt kauft. Die meisten davon stammen aus tropischen Regionen, was sich in der Knalligkeit der Blüten niederschlägt. Pink, Rot und Violett haben auf dem Balkon seit Jahrzehnten Saison. Aus der Nähe betrachtet, sind die einzelnen Balkonpflanzen eigentlich nicht schön. Auch käme niemand auf die Idee, eine Geranienblüte zu pflücken – alleine schon wegen des stechenden, an ein giftiges Mottenmittel erinnernden Geruchs. Balkonpflanzen wollen ihren Effekt in der Ferne erzielen, auf der Straße oder auf dem gegenüberliegenden Balkon. Die Gesamterscheinung der Pflanze ist von Interesse; nicht die einzelne Blüte, sondern deren Verschwimmen zu bunten Farbflecken in der Distanz. Ein weiteres Charakteristikum der Balkonpflanzen ist ihre hängende Gestalt. Sie lassen ihren Schmuck nach unten baumeln. Seit Kurzem (in Sachen

Balkon heißt das etwa: seit 20 Jahren) ist auch der hängende Weihrauchstrauch sehr beliebt. Der blüht zwar nicht, übersetzt aber das Prinzip der Blüten – etwas plumper Show-Off – olfaktorisch. Werden die weiß beränderten dicken Blätter der Weihrauchsträucher von der Sonne beschienen, dampfen sie ein ölig-harziges Weihraucharoma aus. Immerhin soll es Mücken fernhalten.

Balkonbepflanzung ist immer auch eine Art Schaufenster. Sie ist ein Indikator für die Ordentlichkeit und Tüchtigkeit der Bewohner. Es geht um gärtnerische Konkurrenz, allzu üppiger Blumenschmuck ist den Nachbarn ein Ärgernis. Überhaupt ist der Balkon ein Ort der misstrauischen Beobachtung. Die Bepflanzung dient dabei als Sichtschutz. Nie weiß man, ob hinter den voluminösen Geranien im dritten Stock nicht schon wieder der misstrauische Nachbar lauert. Das macht den Balkon zum Hochsitz, zum Instrument der Kontrolle. Aber es ist eben auch andersherum: Der Balkon ist ein Freiraum, hier lässt es sich durchatmen. Die florale Schutzmauer birgt oft auch ein kleines bisschen Glück: etwa eine Sonnenliege, ein Radio, einen Aschenbecher und ein kaltes Glas Bier.

• Balkone sind ein Hort der Rechtsstreitigkeiten, und so ist es auch kein Wunder, dass Balkonbepflanzung höchst umstritten ist. Besonders die Frage, ob Balkonkästen über die Fassade ragen dürfen, ist ein beliebter Streitpunkt. Laut Landgericht Hamburg dürfen sie es, das Amtsgericht Brühl hingegen ist der Auffassung, dass sie dies nicht dürfen.

Waldrebe

Name: Clematis vitalba, Gewöhnliche Waldrebe, Familie: Hahnenfußgewächse.

Saison: Die Waldrebe fängt im späten Juli an zu blühen, ihren Höhepunkt hat sie aber erst Anfang September.

Die Gewöhnliche Waldrebe markiert oft das Ende der Kindheit. Sie ist eine Kletterpflanze, die Bäume, Sträucher und Zäune umrankt. Ihre gewundenen Stämme werden bis zu fünf Meter lang und sind am Boden armdick. Wie es typisch ist für Lianen, haben die Äste sehr weite und sehr lange Tracheen, also Transportgefäße. Bricht man ein kleines Stück Waldrebenast ab und steckt es ins Wasser, lassen sich damit Blasen blubbern. Wegen ihrer Durchlässigkeit können die Aststücke auch geraucht werden. Sie schmecken zwar einfach nur nach dem beißenden Rauch von frischem Holz, auch haben die »Waldzigaretten«, wie sie in den entsprechenden Kreisen genannt werden, keinerlei psychotropen Effekt. Und doch wird ihr Genuss oft klandestin gehandhabt: Es gibt die furchtlosen, frühreifen Vorreiter, die von älteren Geschwistern in diese Praxis eingeführt wurden, es gibt die Mitläufer, und es gibt die Zauderer, die Angst haben, die Mutter könne das Vergehen riechen. Der Waldrebenrauch verweist auf bevorstehende Abenteuer, und bald werden die holzigen Stängel durch echte Zigaretten ersetzt.

In anderer Hinsicht verweist die Waldrebe in die Vergangenheit. Sie blüht sehr spät im Jahr, im August, bis weit in den September hinein. Geht man an milden Frühherbsttagen an ihr vorbei, fühlt man sich plötzlich in den April oder Mai versetzt. Die kleinen, extravagant-igeligen Blüten verströmen einen typisch honighaften Frühlingsduft, der an Weißdorn erinnert. Wie bei diesem liegt unter der süßen Blumigkeit aber auch eine leicht fischige Note, die von Aminoverbindungen herstammt. Allzu ungestüm sollte man allerdings nicht an den Blüten riechen: Die Waldrebe ist meist sehr dicht verwachsen, aus der Ferne wirkt sie wie ein amorpher, grüner Filz. Darin tummeln sich, angezogen vom süßen Duft und gut verborgen, die letzten Bienen, die nicht zögern, in schnuppernde Nasen zu stechen.

- Die Früchte der Waldrebe reifen sehr schnell und stehen den ganzen Winter über an der Pflanze. Aus den langen Griffeln bildet sich ein wolliges Gewebe, mit dessen Hilfe die Nüsse vom Wind verbreitet werden.

- Der Pflanzensaft der Waldrebe enthält den Scharfstoff Protoanemonin. Bei Hautkontakt bilden sich Blasen, weswegen die Waldrebe von Bettlern im Mittelalter benutzt wurde, um Hautausschlag vorzutäuschen, was mehr Mitleid erregen sollte.

- Die Gewöhnliche Waldrebe ist eng verwandt mit der violett blühenden Clematis x jackmanii, einer der beliebtesten Zierpflanzen.

Buchsbaum

Name: Buxus sempervirens, Buchsbaum, Familie: Buchsbaumgewächse.

Saison: Die stark riechenden Samen des Buchsbaums sind Ende August reif.

Der Buchsbaum steht für die gepflegte Langeweile eines Sonntagnachmittags. Als Kind weiß man schnell, dass von diesem Busch, der uninteressante Orte wie Friedhöfe, Krankenhausfreiflächen, Schlossparks und vor allem Vorgärten ziert, nichts zu holen ist: Keine Früchte wachsen an ihm, man kann keine Stöcke herausbrechen, da alle Äste dünn, krumm und verzweigt sind. Ja, noch nicht einmal verstecken kann man sich in der hermetisch geschlossenen Pflanze, die wie ein Strauß Plastikblumen raschelt, wenn man an ihr rüttelt. Alles am Buchsbaum ist Zierde, öde Präsenz und Oberfläche. Er wirkt so leblos wie die kompakt gemorphten Bäume, die man im 3-D-Modus auf Google Maps betrachten kann. Einzig die knospenartigen Gebilde an manchen Zweigspitzen könnten ein Geheimnis bergen. Aber öffnet man sie, zeigt sich, dass es nur deformierte, löffelförmig ausgebeulte Blätter sind, die einen kleinen Wurm beherbergen: die Larve des Buchsbaumblattflohs.

Was all jenen, die in der Natur das Wilde, das Erhabene und das Erlebnis suchen, als Manko erscheint – die Gekünsteltheit dieses Zierbusches –, wurde für Jahrhunderte als seine Stärke gesehen: Der Buchs markiert die Beherrschbarkeit der Flora.

Die Heimat des Buchsbaums reicht von den Bergwäldern Südeuropas bis in den Kaukasus. Hier kann er eine Höhe von 20 Metern erreichen. Aber schon die Römer wussten, dass sich Buchs wie keine zweite Pflanze für die »ars topiaria«, den Formschnitt, eignet. So entstanden in den Gärten reicher Römer mythologische Figuren oder ganze Galeerenflotten aus Buchs. Im von Knappheit geprägten Mittelalter geriet diese Kunst in Vergessenheit, um im Absolutismus bis dahin ungeahnte Blüten zu treiben. Die Lustgärten absolutistischer Herrscher – allen voran natürlich die in Versailles – waren von präziser Ordnung beherrscht. Sie gliederten sich ein in das mechanistische Weltbild des Klassizismus, dem zufolge die Welt berechenbar war und von einem mächtigen, über allem stehenden Herrscher geleitet werden musste. In den Gärten zeigte sich das in den »parterres«: den kniehohen, akribisch geschnittenen Buchsbaumstreifen, aus denen komplizierte Muster - genannt »broderies«, französisch für Stickerei - geformt wurden. So entstanden Wappen, verschlungene Arabesken, vor allem aber florale Dekors: Der Buchsbaum repräsentierte die Pflanze unter der Herrschaft der Kultur. Aber noch eine zweite, wesentlich reizvollere Aufgabe hatte er. Durch seinen mauerhaften Wuchs ließen sich uneinsehbare Zonen schaffen: die »jardins secrets«, geheime Gärten im Garten, die ideal waren für ungestörte Tête-à-Têtes.

Auch im heutigen Gartenbau wird der Buchsbaum eingesetzt, lassen sich aus ihm doch auch ganz moderne Formen schneiden. So etwa im Sony Center in Berlin, dessen Freianlage exakte, grüne Halbkreise zieren. Diese sind auch bei Skatern sehr beliebt, die sich - nach einem missglückten Sprung an einem der Geländer - gern in eine der weichen Rabatten plumpsen lassen. Eigentlich nehmen sie damit nur eine Tradition beim Wort: Schon im Klassizismus hießen die breiten, großen Buchs-Parterres »coussins« - Kissen. Die Gärtner des Sony Centers fluchen freilich darüber, da regelmäßig beschädigte Pflanzen ausgewechselt werden müssen.

Auch anderen Gärtnern bereitet der Buchs Ärger. In Selbsthilfeforen wird unablässig über dessen Geruch geklagt. Tatsächlich riecht der Buchsbaum eigentümlich: eine Mischung aus grünem Gemüse und Katzenpisse. Wolfgang Koeppen schrieb vom »strengen, aromatisch-knisternden Geruch der Buchsbaumhecken«, und Martin Margiela, der Modeschöpfer, der sich wie in einem »jardin secret« vor der Weltöffentlichkeit verbarg, mischte ein Parfüm, in dem Buchsbaumduft eine entscheidende Rolle spielt. »Untitled«, so dessen Name, hat entweder begeisterte Anhänger oder erbitterte Feinde. Der vor allem im August bemerkbare Geruch des Buchsbaums ist übrigens, wie alle Pflanzendüfte, nicht für menschliche Nasen gemacht. Gelockt werden damit - eine Sonderheit im Reich der Pflanzen - Ameisen. Becirct von dem Aroma, das kleinen Duftwarzen an den Fruchtständen entströmt, tragen die Insekten die harten, fleischlosen Samen des Buchsbaums in der Gegend herum. Irgendwann merken die wuschigen Ameisen, dass diese betörend duftenden Objekte für sie eigentlich völlig nutzlos sind, und lassen sie fallen - und mit etwas Glück geht ein neuer Buchs auf.

- Da er sehr langsam wächst und bis zu 600 Jahre alt werden kann, ist der Buchsbaum in China ein Symbol für Langlebigkeit.

- Buchs und Box klingen nicht zufällig ähnlich. Da Buchsbaumholz sich sehr gut für Drechselarbeiten eignet, wurden daraus schon in der Antike Dosen hergestellt.

- Buchsbaumholz ist so hart und zäh, dass Kugellager für die sowjetischen Sojus-Raumkapseln daraus gefertigt wurden.

Tomate

Name: Solanum lycopersicum, Tomate, Familie: Nachtschattengewächse.

Saison: Die Tomate blüht ab Mai, die Früchte sind ab Juli reif.

Wie schrecklich wäre ein Leben ohne Tomaten. Die Beeren – denn darum handelt es sich botanisch betrachtet – fügen der salzigen Geschmackswelt Fruchtigkeit und Süße hinzu, die durch nichts ersetzt werden kann. Düster sind die Wintermonate, in denen Tomaten aus spanischen Gewächshäusern stammen und blass, hart und wässrig sind. Doch umso triumphaler ist die Rückkehr der aromatischen Tomaten im Frühling. Der Höhepunkt des kulinarischen Jahres ist es, nun, im Hochsommer, sonnenwarme Tomaten von den behaarten Stängeln zu pflücken.

So allgegenwärtig ist die Tomate in unserer täglichen Ernährung, dass es umso erstaunlicher ist, wie skeptisch die Alte Welt beim ersten Kontakt mit Tomaten war. Bei der ebenfalls aus den Anden stammenden Kartoffel etwa war es ganz anders. Von den Conquistadores im mittleren 16. Jahrhundert entdeckt, brauchte sie nur knappe 100 Jahre, um einen weltweiten Siegeszug anzutreten. Auch die Tomate wurde im 16. Jahrhundert in Europa eingeführt und bald in Italien und Spanien angebaut. Allerdings sah man sie als Zierpflanze an und erfreute sich an ihren damals ungewohnt aussehenden dicken, roten Früchten. Vereinzelt erwähnen Autoren im 16. und frühen 17. Jahrhundert, dass man Tomaten auch essen könne – empfehlen es aber nicht, da die Tomate »nicht sättige«. Auch in den folgenden Jahrhunderten setzte sich die Tomate als Nahrungsmittel nur äußerst langsam durch, was sich an ihrer fast kompletten Nichterwähnung in Kochbüchern zeigt. Diese Ignoranz ist merkwürdig, da die Küche der Frühen Neuzeit versessen war auf starke Aromen. An Festtagen wurden Hühner mit Austern gefüllt, und Fleisch wurde so lange in starken Marinaden gebeizt, bis es schmeckte wie ein dichter Lebkuchen. Die Tomate mit ihrer exquisiten Fruchtigkeit hätte sich in diesen Speiseplan bestens eingefügt – aber sie tat es nicht.

Das lag nicht an der Tomate selbst. Als sie die Spanier in Mexiko entdeckten, ähnelte sie schon sehr der modernen Frucht, die wir auch heute verspeisen. Seit dem 3. Jahrhundert wurde sie im präkolumbianischen Mexiko kultiviert, ihr Name bezog sich auf das aztekische Wort »xitomatl«, was in etwa »dickes Wasser« heißt und sich wohl auf die Flüssigkeit in der Tomate bezieht. Den Europäern aber war diese Frucht unheimlich. Das lässt sich schon an ihrem botanischen Namen, Lycopersicon, ablesen. Darin steckt das griechische Wort für Wolf. Man erkannte in der Tomate zu Recht ein Nachtschattengewächs wie etwa die giftige Tollkirsche, deren schwarze, glatte Beeren eine leichte Ähnlichkeit zu Tomaten aufweisen. Tollkirschen aber standen im Verdacht, von Hexern für die Verwandlung in Werwölfe benutzt zu werden. Dass die Tomatenpflanze, wie so viele Nachtschattengewächse, unangenehm riecht, dürfte diese Skepsis noch verstärkt haben.

Hinzu kam ein weiterer Punkt: Die wenigen Autoren, die Tomaten im 16. und 17. Jahrhundert als Lebensmittel erwähnten, taten das immer auf ähnliche Weise. Sie adaptierten die mexikanische Verwendung für Tomaten. Die Azteken stampften diese zusammen mit Chilis zu einer sehr scharfen Würzsoße. Auch in den raren europäischen Rezepten tauchte die Tomate bis ins 18. Jahrhundert meist als Salsa in Kombination mit Chili auf – ebenfalls ein aus der Neuen Welt stammendes Nachtschattengewächs. Es ist bekannt, dass Europäer, als sie zum ersten Mal Chilis aßen, schier verrückt wurden. Sie konnten das von dem Molekül Capsaicin verursachte Brennen, das sich vollkommen von der »europäischen Schärfe« des Senfs unterscheidet, nur für eine schwere Vergiftung halten, wenn nicht gar für einen bösen Zauber. All das färbte auf die Tomate ab, sie wurde, zumindest in Mitteleuropa, in Sippenhaft genommen. Daraus wurden sie erst im Zuge der Italienschwärmerei der Nachkriegsjahre entlassen, als ihre milde Exotik nicht mehr schreckte, sondern für die Verheißungen des Südens stand.

• Seit Jahren versuchen sich Züchter an einer Kreuzung von Tomate und der nah verwandten Kartoffel zu einer »Tomoffel«, die sowohl essbare Knollen als auch Früchte hätte. Bisher sind die Pflanzen aber zu schwach und anfällig für Krankheiten.

Kornelkirsche

Name: Cornus mas, Kornelkirsche, Familie: Hartriegelgewächse.

Saison: Kornelkirschen sind ab August reif. Je später man sie erntet, umso süßer sind sie.

An Kornelkirschen geht man vorüber. Sie sehen nicht so offensichtlich giftig aus wie die knallpinken, bizarr geformten Pfaffenhütchen oder die drohend schwarzen Tollkirschen. Aber ganz koscher wirken die länglichen, roten und glasigen Früchte auch nicht. Wer sie dann doch in den Mund steckt, dürfte sie schnell wieder ausspucken: Kornelkirschen sind sauer, und das auf schockierende Weise. Beim Zerkauen der Frucht wird der Mund pelzig, und man hat das Gefühl, die Schleimhaut ziehe sich zusammen wie eine Auster, die mit Vinaigrette beträufelt wird. So bleiben die Früchte meist ungepflückt an den Sträuchern hängen. Davon gibt es in der Stadt viele. Auch wenn sie nicht sonderlich dicht wachsen, lassen sich die völlig anspruchslosen Kornelkirschen-Büsche gut als Hecken schneiden, etwa als Begrenzung öffentlicher Grünanlagen. Dort machen sie auch im Spätwinter auf sich aufmerksam. Die Kornelkirsche ist eine der ersten Blühpflanzen des Jahres. Die gelben, winzigen Blüten gehen oft schon Anfang März auf. Wer, in Vorfreude auf den kommenden Frühling, an ihnen schnuppert, erschaudert. Kornelkirschenblüten riechen nach Fisch, genauer: nach eingetrocknetem Fischtümpel-Schlick. Dieser Geruch hat nichts Lockendes.

So ist die Kornelkirsche eine Pflanze, die heute weitgehend unbeachtet bleibt. Im Altertum war das Gegenteil der Fall, damals galt sie als eine der wichtigsten Pflanzen. Das lag an ihrem Holz, das, neben dem des Buchsbaums, das härteste heimische ist. Kornelkirschenholz ist so dicht, dass es im Wasser untergeht. Es lässt sich kaum spalten, was auch heißt: Es splittert nicht. Aus Kornelkirschenholz lassen sich sehr dünne und belastbare Schäfte herstellen. Das konnte kriegsentscheidend sein. Die Schlachtordnung der makedonischen Phalanx, mit der Philip II. und sein Sohn Alexander der Große die Hälfte der damals bekannten Welt eroberten, hatte ihre durchschlagende Wirkung aufgrund der Sarissen. Das waren

bis zu sechs Meter lange Spieße, die von Reitern und Lanzenträgern geführt wurden. Sie konnten nur aus dem Holz der Kornelkirsche gefertigt werden, die in Mazedonien wie auf dem gesamten Balkan sehr häufig vorkommt. Auch der sagenhafte Bogen des Odysseus, den nur der Listenreiche selbst spannen konnte und mit dem er die bösartigen Freier, die sich in seinem Palast eingenistet hatten, niederstreckte, war aus Kornelkirsche gefertigt.

Freilich gab es auch andere, weniger martialische Verwendungen. Die ebenfalls steinharten Kerne wurden durchbohrt und als Rosenkranzperlen oder, lackiert, als pflanzlicher Edelstein verwendet. Geröstet und gemahlen schmecken die Kerne leicht nach Vanille, aus ihnen lässt sich eine Art Kaffee brauen. Und natürlich wurden auch die schrecksauren Früchte selbst verwendet. In Siedlungen der Jungsteinzeit fanden sich bei Grabungen ganze Schichten von Kornelkirschkernen. Unklar ist aber, ob die Früchte von Menschen verzehrt wurden oder der Mast dienten. Eigentlich sind sie so sauer, dass sie nur mit Zucker eingelegt oder als Gelee genießbar sind. Ihre geringe Süße ist auch dafür verantwortlich, dass man Unmengen von Kornelkirschen braucht, um daraus einen Schnaps zu brennen – der allerdings eine äußerst aromatische Spirituose ist. Man hat das Gefühl, als würde der wenige Geschmack, der sich in dem knappen Fruchtfleisch der Kornelkirsche sehr langsam bildet, unter ein Mikroskop gelegt werden. Im Geist zeigt er sich dann in seiner exotischen Fülle. »Dirndlbrand«, so der Name des vor allem in Österreich gebrannten Kornelkirschenwassers, schmeckt nach Marzipan und reifen Südfrüchten, nach erdigen Knollen und Heu. Hat man es zum ersten Mal im Mund, ist das so aufregend, dass einem die Worte fehlen. Mit Alkohol hat auch eine andere Verwendungsart der Kornelkirsche zu tun. Die sauren, rohen Früchte eignen sich hervorragend als sehr charmanter Olivenersatz in einem trockenen Martini.

- Der lateinische Name Cornus mas bezieht sich auf die Härte des Holzes. Dieses ist so hart wie Horn, »cornu«. Auch sein deutscher Name, Gelber Hartriegel, ist von der Eigenschaft des Holzes abgeleitet.

- Die Zähigkeit der Kornelkirsche zeigt sich auch unter der Erde. Sie ist ein »Herzwurzler« (im Gegensatz zu Pfahl- und Flachwurzlern), das heißt, sie hat mehrere starke Wurzelstränge. Auch hat sie die Fähigkeit, »Adventivwurzeln« zu bilden – Wurzeln, die aus abgebrochenen Ästen wachsen. Damit eignet sie sich besonders zur Festigung erodierender Böden.

09

September

Jungfernrebe (Wilder Wein)

Name: Parthenocissus quinquefolia, Selbstkletternde Jungfernrebe; Parthenocissus tricuspidata, Dreispitz-Jungfernrebe, Familie: Weinrebengewächse.

Saison: Jungfernreben verfärben sich ab Mitte September. Das bunte Laub steht bis Ende Oktober an den Pflanzen und fällt dann schnell, oft über Nacht, ab.

Einst war der mitteleuropäische Herbst braun, euphemistisch: golden. Gut, es gibt den Ahorn, der sich unter günstigen Witterungsbedingungen sanft bunt färbt. Aber der Großteil der heimischen Flora welkt ab Mitte September einfach, das Grün wird zunächst heller, dann gelb, dann ocker, schließlich fallen die Blätter ab. Eine exzentrische Ausnahme sind die Zaun- oder Jungfernreben, besser bekannt unter dem botanisch unsauberen Namen Wilder Wein. Die Selbstkletternde Jungfernrebe stammt aus Nordost-Amerika, die nahe verwandte Dreispitz-Jungfernrebe ist in Japan beheimatet. Und auch wenn es natürlich Quatsch ist, aktuelle kulturelle Phänomene auf das sich sehr langsam entwickelnde Pflanzenreich zu übertragen, so kommen einem die Zaunreben im Herbst doch wunderbar uneuropäisch vor. Ihre Färbung, die oft in ein und demselben Blatt einen Übergang von Grasgrün über Neonpink hin zu Purpurrot aufweist, wirkt so leuchtend wie US-amerikanische Neonreklamen und so bizarr wie japanische Mangas. Heimisches Herbstlaub ist dagegen so langweilig wie herausgerissene Seiten eines Kirchengesangbuchs.

Die amerikanische Jungfernrebe kam bereits im 17. Jahrhundert nach Europa, die japanische Art erst Ende des 19. Jahrhunderts. Beide verwildern kaum, das heißt, sie müssen angepflanzt werden. Das geschah lange Zeit in großangelegten Landschaftsgärten, wo die Rankpflanzen ein romantisch verwildertes Flair verbreiteten. Vor allem aber dienten und dienen sie als Fassadenbegrünung – ein städtebaulicher Trend, der sich wachsender Beliebtheit erfreut. Bepflanzte Hauswände haben viele Vorteile: Im Sommer beschatten die Blätter die Wände, was ein Aufheizen der Räume verhindert. Die Pflanzenschicht, die ein eigenes Mikroklima hat, isoliert das Haus aber auch gegen Kälte. Sie filtert Staub aus der Luft, vor allem aber bricht sie Straßenlärm. Kurz: Sie macht das urbane Leben angenehmer. Zusätzlich bietet sie noch zahlreichen Insekten und Vögeln ein Biotop. Das Gerücht, dass aus begrünten Fassaden gerne Spinnen in die Wohnräume kriechen, hat sich übrigens als falsch erwiesen. Die Tiere fühlen sich in den Blättern so wohl, dass sie in der Regel nicht daran denken, in die Wüste der Innenräume überzusiedeln.

Einen Nachteil hat die Hausbegrünung aber doch: Die Fassade kann Schaden nehmen. Jungfernreben bilden an ihren Ranken Haftscheiben aus, mit denen sie an flachen Oberflächen Halt finden. Reißt man die Pflanzen von der Wand, rupft man schon mal etwas Farbe mit ab. Im Gegensatz aber zum Efeu, der die Tendenz hat, in Hohlräume einzuwachsen und so Risse in Putz und Mauerwerk zu vergrößern, bedrohen die Jungfernreben die Fassaden nur oberflächlich. Am schönsten macht sich Fassadenbegrünung ohnehin auf Beton, der für diese Gefahren unempfänglich ist. Das gleichmäßig brutalistische Grau des Kunststeins ist eine schöne Bühne für das bunt rankende Leben. Gemeinsam sind sie ein Sinnbild für die Symbiose von Natur und Kultur. In den von Jungfernreben überwucherten Großbauten der 1960er- und 1970er-Jahre zeigen sich moderne Städte von ihrer freundlichsten Seite: als humaner Pragmatismus.

- Wird der Wilde Wein nicht geschnitten, wachsen seine Ranken auch in offene Räume, zum Beispiel in Türen oder unverglaste Fenster. Sie bilden im Dunkeln aber keine Haftscheiben aus und ranken sich bald wieder zurück ans Licht.
- Die Jungfernreben sind mit dem Echten Wein eng verwandt. Ihre kleinen, dunkelvioletten Früchte sind aber nicht genießbar.

Goldrute

Name: Solidago canadensis, Goldrute, Familie: Korbblütler.

Saison: Die Kanadische Goldrute blüht ab Mitte August bis Oktober.

Wir befinden uns in gefährlichen Zeiten, auch in botanischer Hinsicht. Das zumindest könnte man glauben, wenn man von der Bedrohung durch »invasive Arten« hört. Dabei handelt es sich um Neophyten, also fremde Pflanzen, die sich bei uns pudelwohl fühlen und sich deshalb verbreiten wie Unkraut. Dazu zählt etwa der schnell wachsende Götterbaum aus Südostasien, der in vielen Städten inzwischen zu einem der häufigsten Gewächse gehört. Berüchtigt ist auch das rosarot blühende, seifig riechende Indische Springkraut, das sich an heimischen Flussufern breitmacht, oder der aus dem Kaukasus stammende Riesenbärenklau. Die Reaktion auf solche Invasionen ist oft ebenso martialisch wie das kriegerische Vokabular, mit dem diese botanische Mobilität beschrieben wird. Der Riesenbärenklau etwa wird von regelrechten Bürgerwehren bekämpft, die der Pflanze mit Baggern und Flammenwerfern zu Leibe rücken – meist vergeblich.

Ähnlich aussichtslos ist der Kampf gegen die Ausbreitung der Kanadischen Goldrute. Die wurde in Europa schon im 17. Jahrhundert als Gartenpflanze eingeführt. Jahrhundertelang blieb sie das auch, wild war sie so gut wie kaum anzutreffen. Erst im 20. Jahrhundert war ihre Stunde gekommen. Nun gab es plötzlich enorme neue Brachflächen, entstanden durch intensive Waldwirtschaft, durch den Straßen- und Eisenbahnbau, vor allem aber durch die Verwüstungen des Zweiten Weltkrieges. Während andere Pflanzen sich mit dem steinigen, humusarmen Boden dieser »Ruderalflächen« meist schwertun, konnte die Goldrute hier trumpfen. Sie ist sehr anspruchslos, gedeiht auch auf mageren, trockenen Flächen und zeichnet sich, wie alle »invasiven Arten«, durch eine gewaltige Samenproduktion aus. So wurde sie zu dem, was Botaniker einen »Gartenflüchter« bezeichnen, sie ließ sich nicht von Maschendrahtzäunen aufhalten.

Gärtner und traditionsverbundene Botaniker haben etwas gegen diese Ausbreitung. Sie gehen mit dem Spaten oder mit Verdunkelungsfolien gegen die Goldrute vor. Aber auch in ihrer nordamerikanischen Heimat ist die Goldrute nicht allzu beliebt. So jammerte etwa der sehr rigorose Pflanzenexperte Edwin Rollin Spencer 1940: »Auch wenn die Goldrute wegen ihrer schönen Blüte von einigen US-Bundesstaaten zur ›official state flower‹ ernannt wurde, ist dennoch nichts Gutes an ihr. Sie ist ein schlimmes Unkraut und verursacht Heuschnupfen.«

Die Angst vor invasiven Arten zeugt von einem eigentümlichen Verhältnis zur Flora. Zum einen ist es radikal anthropozentrisch: Pflanzen sind umso bedrohlicher, je nutzloser sie für den Menschen sind. Ein Extremfall ist der Riesenbärenklau, der nicht nur nutzlos ist, sondern bei Berührung schwere Verätzungen verursachen kann. Er gilt als die Verkörperung des botanisch Bösen. Und auch wenn rein biologisch argumentiert wird, ist oft von »Wertlosigkeit« die Rede. So etwa bei der Goldrute. Ihre gelben, leicht harzig nach dem kommenden Herbst riechenden Blüten sind zwar schön anzusehen, produzieren aber so wenig Nektar, dass sie von Bienen meist gemieden werden. Dafür tummeln sich im Herbst Stubenfliegen zu Hunderten auf ihnen – was irgendwie passt, denn auch die werden von Menschen als minderwertig empfunden. Nicht zuletzt führen die invasiven Arten auf ziemlich drastische Weise vor Augen, dass die Flora kein Museum ist. Sie verdrängen heimische, sensiblere Pflanzen. Wer mit der Natur vor allem Beständigkeit assoziiert, dem ist das natürlich ein Graus. Aber wieso sollte, wenn alles in Bewegung ist, gerade die Flora stillhalten?

- Goldruten-Arten zählen bei nordamerikanischen Ureinwohnern zu den wichtigsten Medizinpflanzen. Verschiedene Völker gebrauchen sie bei so unterschiedlichen Indikationen wie Entzündungen, Verbrennungen oder Zahnschmerzen. Am weitesten verbreitet ist die Verwendung bei Nieren- und Blasenleiden.

- Neben der Kanadischen Goldrute gibt es die Gewöhnliche Goldrute und die Riesengoldrute. Erstere ist heimisch und hat wesentlich größere Blüten als die kanadische Art. Letztere kann über zwei Meter groß werden.

Hopfen

Name: Humulus lupulus, Gewöhnlicher Hopfen, Familie: Hanfgewächse.

Saison: Die Hopfendolden sind ab Juli sichtbar. Anfang September sind sie am größten.

Zu den beliebtesten Gesetzen, wenn es so etwas gibt, gehört das Reinheitsgebot. Es wurde im 16. Jahrhundert in der »Bayrischen Landesordnung« zum ersten Mal niedergeschrieben, hatte in den nächsten Jahrhunderten aber keine zwingende Bedeutung. Erst das historientrunkene 19. Jahrhundert vermarktete es als »deutsches« oder »bayrisches Reinheitsgebot«. Aber das tut seiner Beliebtheit keinen Abbruch. Die Deutschen (und nicht nur sie) lieben deutsches, also »reines« Bier, in das nur Wasser, Malz, Hefe und Hopfen darf. Da passt es nur zu gut, dass auch Hopfen ein besonders deutsches Gewächs ist. 40 000 Tonnen werden hier im Jahr geerntet, nur in den USA ist es noch mehr. Aber Hopfen wächst nicht nur in den großen Anbaugebieten in der Holledau oder an der Elbe, in seiner wilden Form ist er auch in Städten zu finden. Die Schlingpflanze überwuchert gern Büsche und bildet dann ein amorphes, dichtes Geflecht. Für den botanischen Laien ist dieses erst ab August als Hopfen zu erkennen. Dann formen sich an den weiblichen Pflanzen die hellgrünen, schuppigen Dolden, die alle Bierliebhaber von den Etiketten ihres Getränks kennen. Auf den Innenseiten der Blütenblätter befindet sich ein gelber, harziger Staub. Das ist der Träger des Hopfenaromas. Zerreibt man die Dolde, bleibt dieses »Hopfenmehl« oder auch Lupulin an den Händen kleben. Es bedarf jedoch etwas Fantasie, um dessen starken Geruch mit Bier in Verbindung zu bringen. Absurderweise riechen Hopfenhände so, als hätte man mit ihnen Knoblauch verarbeitet. Aber es mischt sich auch ein sehr spitzer, grüner Geruch hinein, der an Cannabis erinnert. Tatsächlich ist Hopfen ein Hanfgewächs und nahe verwandt mit dem Echten und dem Indischen Hanf. Darüber liegt aber noch eine sehr feine Note von Zitrusfrüchten. In den letzten Jahren wurde diese gezielt gezüchtet. Neue, meist aus den USA oder Australien stammende Hopfenzüchtungen wie »Cascade« oder »Enigma« schmecken intensiv nach Grapefruit oder Mandarine, manchmal auch nach Melone. In der riesigen Craftbeer-Szene sind diese Aromen sehr gefragt, vollbärtige Brauer aus Brooklyn und Berlin-Neukölln würzen ihr naturtrübes »Pale Ale« mit den neuen Hopfensorten und dozieren hingebungsvoll von deren Komplexität.

Dabei ist die Verbindung von Hopfen und Bier gar nicht naturgegeben. Bis ins letzte Jahrhundert war es in nordeuropäischen Ländern üblich, Biere mit anderen Würzkräutern zu brauen: mit Rosmarin, Gagel, Sumpfporst oder Fichtenspitzen. Im Mittelalter kam auch regelmäßig das Nachtschattengewächs Bilsenkraut zum Einsatz, das in geringen Mengen anregend, in höheren Dosen stark halluzinogen wirkt – außerdem macht es einen entsetzlich trockenen Mund, weshalb der Durst nie nachlässt. Es waren christliche Mönche, die das Hopfenbier gegen die »unreinen« Biere in Stellung brachten. Diese verwiesen zu deutlich auf vorchristliche Zeiten und schamanistische, also teuflische Rituale. Hopfen hingegen hatte mehrere Vorteile: Zum einen wirkt er konservierend. Zum anderen ist er ein starkes Sedativum. Schläfrige Zecher waren der Obrigkeit lieber als erregte. Der Feuerzangebowlen-Autor Heinrich Spoerl brachte das präzise auf den Punkt: »Bier macht gut bürgerlich.«

Das gilt aber nicht immer für den Hopfen. Zu dessen unzähligen Inhaltsstoffen gehört auch ein sogenanntes Phytoöstrogen, das im menschlichen Körper an dieselben Rezeptoren andockt wie weibliche Hormone. Über Jahrhunderte wurde Hopfen von Hand gepflückt. Häufig bekamen Hopfenpflückerinnen nach wenigen Tagen im Hopfen ihre Periode. In Belgien wurde diese unregelmäßige Blutung als »démon du houblon« bezeichnet, als Werk des »Hopfendämons«. Damals wusste man nicht, dass pflanzliche Östrogene dafür verantwortlich sind. Was die Frauen jedoch wussten: dass sie während ihrer Regel nicht schwanger werden konnten. Und so ging es während der Hopfenernte oft sehr freizügig zu. In Zeiten von maschineller Ernte und Antibabypille spielt das freilich keine Bedeutung mehr. Die östrogene Wirkung von Hopfen zeigt sich heute nur noch darin, dass männlichen Biertrinkern Brüste wachsen.

- Junge Hopfentriebe lassen sich als Gemüse essen.

- Immer wieder versuchen Cannabis-Grower, Hopfen auf Hanf aufzupfropfen. Auf diese Weise sollen Hybride entstehen, die Hopfendolden mit dem psychoaktiv wirksamen THC wachsen lassen. Bisher sind aber keine größeren Erfolge bekannt.

Kastanien blühen im Mai. Sie haben einen seifigsüßen Geruch.

Kastanie

Name: Aesculus hippocastanum, Gewöhnliche Rosskastanie, Familie: Seifenbaumgewächse.

Saison: Rosskastanien blühen im Mai, die Früchte sind ab Anfang September reif.

Kastanien sind so gut wie nutzlos. Sie heißen zwar mit vollem Namen »Rosskastanien«, woraus man schließen könnte, dass sie als Pferdenahrung Verwendung finden, aber das ist falsch. Fressen Pferde Rosskastanien, bekommt ihnen das nicht gut – sie werden verwirrt. Hirsche hingegen können Kastanien verdauen; da die Bäume aber meist in Städten gepflanzt werden, wäre es zu aufwändig, die Früchte in den Wald zu schaffen. Für Menschen sind Kastanien aufgrund des hohen Saponingehaltes ungenießbar; durch eine komplizierte Behandlung könnte man aus ihnen ein Mehl herstellen, aber das macht niemand. In geringem Umfang wird die Rosskastanie medizinisch verwendet, aus den Früchten werden Medikamente gegen Hämorrhoiden hergestellt. In der Regel aber bleiben die Kastanien völlig ungenutzt. Große Bäume können mehrere hundert Kilo der »Plumpsfrüchte«, wie sie botanisch heißen, ausbilden. Fallen diese auf Straßen, werden sie schnell von Autos überrollt, wobei sie zu einem mehligen, hellgelben Brei zerstampft werden. Wird dieser nass, bildet sich ein seifiger Film auf der Straße, der unvorsichtige Radfahrer leicht zu Fall bringen kann.

Die wirtschaftliche Nutzlosigkeit der Kastanie zeigt sich auch in ihrem Holz, das sehr weich und nicht feuchtigkeitsbeständig ist. Die Bäume wachsen schnell, oft fault das Holz im Kern des Stamms. Kastanien werden nie älter als 300 Jahre. Die geringe Nutzbarkeit der Kastanie mag auch der Grund dafür sein, dass der Baum erst relativ spät bei uns bekannt wurde. Seine Urheimat ist die zerklüftete Gebirgsregion im Grenzland zwischen Albanien, Griechenland und Mazedonien. Sie hätte also schon in der Antike beschrieben oder gar verbreitet werden können, was jedoch nicht geschah. Erst im 16. Jahrhundert wurde sie über die türkische Gartenkunst in Mitteleuropa eingeführt. Und erst mit dem rasanten Ausbau der Städte im 19. Jahrhundert wurde die Kastanie als Schattenspender

und Alleebaum massenhaft gepflanzt. Dafür ist sie wie gemacht: Kein anderer Baum wächst in so kurzer Zeit zu einer so stattlichen Gestalt wie die Kastanie. Kastanien haben die idealtypische Baumform, wie etwa Kinder sie malen: ein gerader, dicker Stamm, auf dem eine dichte, meist kugel- oder eiförmige Krone sitzt. Langfristig betrachtet kann es aber sein, dass die Kastanie nur ein kurzes Gastspiel in den Städten geben wird. Die Miniermotte macht ihr sehr zu schaffen. Das ist ein Kleinstschmetterling, der aus der Heimat der Rosskastanie stammt und seinem Wirtsbaum mit der Verzögerung einiger Jahrhunderte nach Mitteleuropa nachreiste. Seit den 1980er Jahren macht er sich hier breit. Anders als in den Schluchten Albaniens und Mazedoniens hat er in unseren Städten so gut wie keine Fressfeinde, so dass er sich hemmungslos über die Rosskastanie hermachen kann. Das Laub befallener Bäume wird ab Juni braunfleckig, ab September ist es oft vollständig welk. Die effektivste Möglichkeit, gegen die Miniermotte vorzugehen, ist das vollständige Einsammeln der Blätter unter einer Kastanie – am besten innerhalb von drei Tagen nach dem Abfallen, noch bevor sich die Larven der Motte ins Erdreich verkriechen können, wo sie nicht mehr zu bekämpfen sind. Aber das ist eigentlich nicht zu schaffen. Die erkrankten Kastanien sterben nicht ab; im nächsten Frühling treiben sie aus wie ehedem. Aber es tut ihnen nicht gut, ab Spätsommer ohne Photosynthese auskommen zu müssen. Es ist unwahrscheinlich, dass sie mit dieser dauerhaften Schwächung zurechtkommen.

Wie traurig wäre der Verlust! Was wäre ein Biergarten ohne dem rauschenden Gewölbe der Kastanien? Wie leer wäre der Mai ohne seinen Festschmuck, den leuchtend weißen Kastanienkerzen, deren sehr feinen, seifigsüßen Geruch man meist nicht riecht, weil sie zu hoch hängen. Vor allem aber die Früchte würden schwer vermisst werden. Im Kontrast zu ihrer fast kompletten Nutzlosigkeit steht nämlich die zwingende Attraktion der Kastanie. Frische, aus der stacheligen Schale gesprungene Kastanien müssen vom Gehsteig aufgehoben und in die Hosentasche gesteckt werden. Es sind opake Objekte, die zu nichts zu gebrauchen sind und doch eine seltsame Macht über uns haben. Gut fühlt es sich an, eine sich langsam wärmende Kastanie in der Hand zu halten. Aber wie viel besser ist es, mit beiden Händen in einen großen Berg frischer, noch feucht-öliger Kastanien zu greifen und deren weichem Aneinanderreiben zu lauschen?

- Neben der weißblühenden Kastanie gibt es auch die Fleischrote Rosskastanie. Ihre Früchte sind nur wenig bestachelt.
- Trotz des Namens ist die Rosskastanie mit der Esskastanie nicht verwandt. Diese gehört zur Familie der Buchengewächse.

Die Goldparmäne, die aus dem Handel fast völlig verschwunden ist. Über Jahrhunderte galt diese Sorte als Krone der Apfelzucht.

Apfel

Name: Malus domestica, Kulturapfel, Familie: Rosengewächse, an die 20 000 Sorten.

Saison: Frühäpfel, etwa Klar- oder Kornäpfel, sind ab August reif, die meisten Sorten jedoch erst Ende September.

Ein Apfel verführt heute niemanden mehr. Sein Schicksal ist es, in Schulranzen weichgedrückt zu werden. Auch darf er nicht auf den Tabletts fehlen, mit denen in Krankenhäusern die Schonkost serviert wird. Und Äpfel, die in den Kantinen neben dem Dessertregal warten, locken ungefähr so sehr wie Deko-Früchte aus Plastik. Äpfel sind ganzjährig allgegenwärtige Massenware und deshalb ziemlich wertlos.

In einem seltsamen Spannungsverhältnis zur zweifelhaften kulinarischen Omnipräsenz des Apfels steht seine kulturelle Bedeutung. Keine Frucht ist so besetzt wie er. Der Reichsapfel der mittelalterlichen Herrscher symbolisierte eine umfassende, nur noch von Gott übertroffene Macht. In der griechischen Antike stand der Apfel für die begehrtesten Güter: Schönheit und ewige Jugend. Die Äpfel der Hesperiden bewahrten die Götter vor dem Altern. Und der von der Streitgöttin Eris gestiftete goldene Apfel, der die schönste aller Göttinnen prämieren sollte, löste nichts weniger als den Trojanischen Krieg aus. Seinen wichtigsten Auftritt hat der Apfel aber natürlich beim Sündenfall, als lockende Frucht der teuflischen Schlange. Dabei ist in der Bibel nicht von Äpfeln die Rede. Die schlichen sich erst in der Spätantike als Wortspiel, vielleicht auch als pädagogische Eselsbrücke oder gar als Witz in die christliche Ikonographie. In der Vulgata, der lateinischen Version der Bibel, ist der »Baum der Erkenntnis von Gut und Böse« als »lignum sapientiae boni et mali« übersetzt. »Malum« ist nicht nur das Wort für das Böse, sondern – anders betont und etymologisch nicht verwandt – auch das für Apfel. So wurden aus den in der Bibel genannten »Früchten« vom Baum der Erkenntnis Äpfel. Das passte aber wiederum ganz gut, denn »Apfel« bezeichnete bis in die Frühe Neuzeit ganz allgemein Früchte. Das zeigt sich etwa an Namen wie Erdapfel, Apfelsine (»chinesische Äpfel«), Malum persicum, die dann zu unserem Pfirsich wurden, oder auch Melone, was ursprünglich so viel bedeutete wie »in der Sonne gekochter Apfel«.

In seiner wilden Form ist der Apfel in Europa urheimisch. Dieser sogenannte Holzapfel konnte aber ausschließlich gekocht genossen werden – und auch das nur in Anführungsstrichen. Der Kulturapfel stammt aus Zentralasien. Kasachstan, seine wahrscheinliche Heimat, ist bis heute ein Zentrum des Apfelbaus. Die Hauptstadt Almaty, ehemals Alma-Ata, heißt übersetzt nichts anderes als »Großvater der Äpfel«. Der Kulturapfel wurde schon in der Antike in Europa eingeführt, ab dem frühen Mittelalter baute man ihn flächendeckend an. Allerdings nicht, um das zu produzieren, was im Supermarkt »Tafelapfel« heißt. Über Jahrhunderte wurden Äpfel als Rohstoff für Most – das wichtigste ländliche Alltagsgetränk – gezogen. Die bevorzugten Sorten waren sauer, was den Most weniger alkoholisch und haltbarer machte. Für Most war es auch egal, ob das Fallobst Druckstellen hatte oder wurmig war. Auch das übliche Verhältnis von Apfel- und Birnbäumen auf dem Lande ist dem Most geschuldet – der schmeckt am besten, wenn er aus etwa vier Teilen Apfel und einem Teil Birne gekeltert ist.

Die meisten heute bekannten Apfelsorten entstanden im 19. Jahrhundert. Damit begann auch der Aufstieg jener tristen Massenware, die heute im Supermarkt ausliegt. Äpfel wurden gezielt auf Süße, Größe und Farbe gezüchtet – und auf die Pflegbarkeit der Bäume, die keine Bäume mehr sind, sondern hochgewachsene Stauden. Heraus kamen so skurrile Früchte wie der Red Delicious, der auch den Beinamen »Schneewittchenapfel« trägt. Er ist mit seiner purpurroten und glänzenden Schale schön anzusehen, in Wahrheit ist diese aber zäh, dick und bitter, und darunter graben sich die Zähne in zuckrig-mehliges, ansonsten aber völlig geschmackloses Fruchtfleisch. Einmal angebissen, möchte man den Red Delicious schnellstmöglich entsorgen. Über die anderen großen Apfelsorten, etwa den Golden Delicious, den Granny Smith oder den Gala ließen sich ähnliche Schreckensgeschichten erzählen. Nach der Ernte werden die Früchte in CO_2 eingelagert und sind so, lebenden Toten gleich, bis zum nächsten Sommer haltbar.

Das alles ist grauenerregend, aber es gibt auch eine andere Schule der Apfelkultur. Die wird etwa in Kleingartenanlagen gepflegt. Apfelzucht, diese komplizierte Technik aus Propfen und Schneiden, gilt in diesem Bio- und Soziotop nach wie vor als Königsdisziplin. Nun, im September, herrscht emsige Betriebsamkeit in den Anlagen. Akribisch wird darauf geachtet, dass die Äpfel weder zu früh geerntet werden noch vom Baum fallen. Gärtnerinnen und Gärtner beäugen interessiert bis kritisch die Ausbeute der Nachbarn. Es wird getauscht, gewogen und über die Bekämpfung des Apfelspinners gefachsimpelt. Wenn es hoch hergeht, werden sogar die schönsten Äpfel gekürt. Kleingärtner sind stolz auf ihre Ernte. Das lässt sich leicht ausnutzen. Wer durch eine Anlage spaziert, vor einem prächtigen Apfelbaum stehen bleibt und dessen Früchte lobt, hat gute Chancen, beschenkt zu werden. Und hier gibt es wunderbare Entdeckungen zu machen: etwa den in der Szene wegen seiner Robustheit gerade sehr beliebten Topaz, eine tschechische Züchtung aus den 1980er Jahren, die aber herrlich altmodisch und wild schmeckt. Beißt man in ihn, bricht das feste Fruchtfleisch in großen Brocken vom Kerngehäuse, und bei aller Süße ist er doch so sauer, dass es in dem weichen Grübchen unterm Ohr ein wenig sticht.

- Bis heute eine zentrale Figur in der Geschichte des amerikanischen Pioniergeistes ist der 1774 geborene John Chapman, besser bekannt als Johnny Appleseed. Er zog mit den Siedlern in den Westen und pflanzte dort Tausende von Apfelbäumen. Da er dafür aber Apfelsamen nutzte, entstanden Wildlinge, deren Äpfel zum Verzehr nicht geeignet waren, wohl aber zum Keltern von Cider. Viele von Appleseeds Cider-Bäumen wurden in der Prohibition von FBI-Agenten gefällt.

- Keiner trinkt mehr Apfelsaft als die Deutschen, nämlich im Schnitt 8,5 Liter pro Jahr.

- Apfelkerne haben einen Keimschutz, der verhindert, dass sie schon im Herbst aufgehen, woraufhin die junge Pflanze im Winter stürbe. Um sie zum Keimen zu bringen, müssen sie zunächst mehrere Wochen in der Kälte liegen, im Idealfall im Freien, zur Not tut es auch das Eisfach.

10

Oktober

Ahorn

Name: Acer, Ahorn, zahlreiche Arten, in Mitteleuropa heimisch: Acer pseudoplatanus, Bergahorn; Acer campestre, Feldahorn; Acer platanoides, Spitzahorn; Familie: Seifenbaumgewächse.

Saison: Die Ahorn-Arten blühen ab März. Die Blätter färben sich ab Ende September.

Der Herbst hat keinen guten Leumund. »Herbst des Lebens« ist ein ungelenker Euphemismus für einsame Jahre im Altersheim. Herbst, das ist Abschied, das sind erdenschwere Schuhe und Kratzen im Hals – das genaue Gegenteil des leichtfüßigen Frühlings. Doch vergisst man oft, dass es bis zum Beginn der Moderne genau anders herum war. Im Frühling verhungerten die Kinder, der Frühling war die böse Zeit, in der die Vorräte zu Ende gingen. Vogelgezwitscher und erste warme Sonnenstrahlen machen nicht satt. Der Herbst hingegen war das Fest des Jahres. Da wurde geerntet, gekeltert und geschlachtet. Heute, da Weintrauben und Fleisch das ganze Jahr über vorhanden sind, ist der Herbst vor allem der bittere Vorgeschmack des kommenden Winters. Eine Pflanze aber erinnert noch an die Fröhlichkeit, für die er einst stand: der Ahorn in seinem bunten Kostüm.

Auf der gesamten Nordhalbkugel gibt es etwa 150 Ahorn-Arten. Nach der letzten Eiszeit sind in Mitteleuropa davon nur der markante Spitzahorn, der Bergahorn mit seinen etwas abgerundeten Blättern und der kleinblättrige Feldahorn übrig geblieben. Steht der Ahorn frei, etwa im Gebirge, wächst er prächtig und entwickelt ein harmonisches Verhältnis zwischen kräftigem Stamm und dichter Krone. In der Stadt ist er ein typischer Parkbaum, hier wächst er oft in Gruppen und bildet ein Dickicht. Die meiste Zeit des Jahres wird man ihn nicht bemerken. Seine hellgelben, winzigen Blüten ab Ende März sind ein Ausbund an Unauffälligkeit. Die unreifen Fruchtstände, die ab Juni vom Wind abgerissen werden, erfreuen sich angeblich einer gewissen Beliebtheit als sogenannte Nasenzwicker, aber genau genommen kleben sie sehr schlecht auf dem Nasenrücken.

Mitte September schlägt dann die Stunde des Ahorns. Vor allem der Spitz- und der Bergahorn haben dann ihren flamboyanten

Auftritt. Man kann beobachten, wie die Bäume das Chlorophyll aus den Blättern abziehen, zunächst verfärben diese sich am Wipfel rot, orange und dann gelb, die unteren Etagen stehen da noch in sattem Dunkelgrün. Oft sieht man einen Baum in vier verschiedenen Farben leuchten. Angestrahlt von der Sonne und vor einem herbstklaren, dunkelblauen Himmel und geschüttelt vom Wind ist das ein psychedelisches Spektakel.

Bei der Buntfärbung des Laubs greifen verschiedene Mechanismen ineinander. Zieht die Pflanze das Blattgrün ab, werden die anderen Farbstoffe des Blattes sichtbar: meist Carotinoide, die für eine Orange- oder Gelbfärbung sorgen. Anders ist es beim Rot. Hierfür müssen zwei Dinge zusammenkommen: sonnige Tage und kalte Nächte. Die Sonne bewirkt, dass im Blatt noch Photosynthese stattfindet und zuckerhaltige Verbindungen gebildet werden. Wegen der kalten Nächte hat der Baum aber seine Blätter schon abgeschrieben, die Verbindung zu den Ästen ist bereits gelockert, und damit sind die Leitbahnen der Pflanzensäfte unterbrochen. Die Zuckerstoffe verbleiben also im Blatt und werden da unter anderem zu dem roten Farbstoff Anthocyan umgewandelt. In Kanada mit seinem trockenen, klaren, sonnigen und nachtkalten Herbst leuchten so die Monate September und Oktober feuerrot. Ist hingegen der Herbst feucht, neblig und von gleichmäßiger Temperatur, färbt sich das Ahornlaub nur gelb. In allen Fällen aber hat es etwas Besonderes an sich: den Geruch. Ahornblätter vertrocknen nicht am Baum, wie etwa Kastanienlaub. Sie welken zwar etwas, segeln dann aber sehr elegant im noch weichen Zustand zu Boden. Dort zersetzen sie sich langsam und geben dabei einen speziellen Duft ab, dessen Intensität den Düften des Frühlings in nichts nachsteht: sehr würzig, ein bisschen wie Suppe oder Sojasoße. Er wirkt sehr vertraut, wenn man als Kind in Herbstlaub tobte.

Noch in einer anderen Hinsicht steht der Ahorn für den schönen, den bunten und süßen Herbst. Und das hat, wie die Farbe der Blätter, auch etwas mit Zucker zu tun. Wie kein zweiter Baum produziert der Ahorn süßen Pflanzensaft. Der wird zwar im frühen

Frühling geerntet, wenn der Saft in die Krone steigt, ist aber - eingedickt als Ahornsirup - ein ganz und gar herbstlicher Genuss. Wie falsch würde es sich anfühlen, Ahornsirup im Sommer zu goutieren: Sein leicht bitteres, an Rauch und gebrannte Mandeln erinnerndes Aroma zeichnet ihn als reinen Herbstgeschmack aus, seine Süße ist so scharf, dass sie im Mund sticht, und seine goldbraune Farbe strahlt die Würde des alternden Jahres aus.

- Molekularbiologische Untersuchungen ergaben, dass Ahorne mit der Rosskastanie verwandt sind. Beide zählen zur Familie der Seifenbaumgewächse, die sonst vor allem in den Tropen verbreitet sind.
- Ahornholz ist hochwertig, und da die Bäume schnell wachsen und auch mit dem wärmeren Klima zurechtkommen, gewinnt es an forstwirtschaftlicher Bedeutung. Das Holz ist hell, hart und beständig. Es wird im Instrumentenbau eingesetzt, beim Innenausbau und zunehmend auch bei großen Bogenkonstruktionen, wozu es sich wegen seiner Zugfestigkeit hervorragend eignet.
- Die kleinen Blätter des Feldahorns sind wertvolles Viehfutter. Früher wurden sie auch, milchsauer vergoren, als Gemüse gegessen. Ein alter Name des Feldahorns ist »Maßholder«, was so viel wie Speisebaum bedeutet.

Vogelbeere

Name: Sorbus aucuparia, Vogelbeere / Gewöhnliche Eberesche, Familie: Rosengewächse.

Saison: Vogelbeeren sind ab September reif, viele Sorten aber auch erst im Oktober. Es handelt sich um sogenannte »Wintersteher«, die Früchte bleiben so lange am Baum, bis sie von Vögeln oder Eichhörnchen gefressen werden.

Nur unter botanisch Unwissenden hält sich noch das Gerücht, Vogelbeeren seien giftig. Gemeinhin weiß man heute, dass die orangeroten Beeren, die prächtig vor dem klaren Blau des Oktoberhimmels leuchten, genießbar sind. Es gibt sogar einen regelrechten Boom um die mehligen Früchte. Schon lange, und vor allem in Österreich, wird aus ihnen Schnaps gebrannt, der ein scharfes Bittermandelaroma hat. Im Bayrischen Wald versteht man sich darauf, köstliches goldrotes Vogelbeergelee zu kochen. Seit ein paar Jahren nun taucht die Vogelbeere aber in viel modischeren Kontexten auf. Im Zuge der New Nordic Cuisine, die sich auf in Nord- und Mitteleuropa heimische Zutaten konzentriert, bereiten tätowierte Köche aus Vogelbeeren gerne Espumas, Papiere und Perlen zu. Inzwischen hat sich herumgesprochen: Die Beeren sind so etwas wie der Naturwein unter den Früchten. Vogelbeerspeisen schmecken auf den ersten Bissen irritierend – bitter, sauer, gleichzeitig unreif und vergoren. Aber man kann sich schnell in diese urheimische Exotik hineinfuchsen und Gefallen an ihr finden.

Umso größer ist der Schock, wenn man es den hippen Köchen nachtun möchte. Pflückt man Vogelbeeren, die überall in Städten wild wachsen, und kocht daraus etwa ein Kompott, ist die Wahrscheinlichkeit sehr hoch, dass man es nach dem ersten Löffel wieder ausspuckt. Es ist auf eine Weise bitter, die nicht zu umarmen ist und an der man auch mit größtem kulinarischen Wagemut keinen Gefallen finden kann. Diese Bitterkeit verbleibt auch nach noch so gründlichem Ausspülen im Mund, und allein die Erinnerung daran kann eine leichte Übelkeit auslösen. Wem es so ergeht, der wurde

Opfer der ungiftigen Parasorbinsäure, die in Vogelbeeren enthalten ist. Traditionell gibt es zwei Arten, mit diesem Problem umzugehen. Entweder man wartet auf den ersten Frost - dann wandelt sich die Parasorbin- in die weniger bittere Sorbinsäure -, die Früchte werden genießbar. Allerdings kann es gerade in Städten oft lange dauern, bis es zum ersten Mal gefriert, die Beeren vertrocknen dann, werden von Vögeln gefressen oder von Krankheiten befallen. Es gibt aber auch die parasorbinsäurearme Mährische Vogelbeere, die heute in zahlreichen Sorten gezüchtet wird. Sie ist es, die kulinarisch weiterverarbeitet wird. Zwar wächst sie nur sehr selten wild, für Abhilfe kann allerdings überraschenderweise botanische Unwissenheit sorgen: Nur entfernt verwandt mit der Vogelbeere ist die Frucht des Feuerdorns. Das ist ein immergrüner Strauch, der häufig in Parks und Gärten anzutreffen ist. Sein Wuchs ähnelt dem der Vogelbeere mitnichten. Diese ist ein oft stattlicher Baum, jener ein kompakter, dorniger Busch, der gut als Hecke geschnitten werden kann. Die einzelnen Früchte aber sind nicht nur zur selben Zeit reif, sie sehen sich auch zum Verwechseln ähnlich: glänzend orangefarben, rund und mit einem vertrockneten Blütenrest wie bei einem winzigen Apfel. Im Gegensatz zu Vogelbeeren sind Feuerdornbeeren tatsächlich leicht giftig. Ihre Blausäure-Verbindungen zerfallen jedoch beim Kochen, weshalb verarbeitete Feuerdornprodukte unbedenklich sind. Sehr zu empfehlen ist etwa ein Chutney aus Feuerdorn, das mit seiner eleganten Bitterkeit perfekt zu Hartkäse passt.

• Die Vogelbeere blüht ab Ende Mai. Die weißen Blüten wachsen in dichten, flachen Doldenrispen. Ihr Geruch ist nicht angenehm, die Botaniker Ruprecht Düll und Herfried Kutzelnigg beschreiben ihn mit »nach Maikäfern oder Heringslake« riechend.

Eibe

Name: Taxus baccata, Europäische Eibe, Familie: Eibengewächse.

Saison: Die Eibenbeeren stehen ab Ende September bis November an der Pflanze.

Alles an der Eibe ist dunkel. Wie kein zweiter Baum verträgt sie Schatten. Ihre weichen, dunkelgrünen Nadeln, die eng gereiht an den dünnen Zweigen sitzen, haben so viel Chlorophyll, dass sie auch bei widrigsten Lichtverhältnissen noch genügend Energie produzieren. Dafür ist es unter der Eibe auch am helllichten Tag zappenduster. Ihr Wuchs ist so dicht, dass nicht einmal Moos unter ihr gedeiht. Von außen betrachtet bildet die Eibe einen völlig homogenen Körper. In dieser Eigenschaft ist sie als Heckenpflanze in Städten sehr beliebt. Durch eine Eibenmauer dringt kein Blick. Spatzen lieben diese Hecken, in denen sie vor Katzen sicher sind.

Dunkel ist auch die Geschichte der Eibe. Sie ist ein Todesbaum, in vielfacher Hinsicht. Die Eibe, die eine der ältesten europäischen Baumarten ist, überlebte die Eiszeiten und ist sehr giftig. Bereits wenige Nadeln können tödlich sein. Keltische Krieger vergifteten ihre Pfeilspitzen mit Eibennadelsud. Dioskurides, der berühmteste Pharmakologe des Altertums, berichtete in seinem Arzneibuch *De materia medica* von spanischen Eiben, die so giftig seien, dass man bereits sterben könne, wenn man in ihrem Schatten schlafe. Wahrscheinlich war es auch die Eibe, die Shakespeare im Sinn hatte, als er im *Hamlet* von dem Gift »Hebenon« schrieb. Das wurde Hamlets Vater vom tückischen Oheim ins Ohr geträufelt, woraufhin jener starb und das Unglück seinen Lauf nahm.

Auf andere Weise brachte die Eibe aber noch viel sicherer den Tod. Von allen europäischen Baumarten hat die Eibe das härteste und zugleich biegsamste Holz. Es war das Material der Wahl für Bögen, von denen etwa der Gletschermann Ötzi einen bei sich trug. Im Mittelalter war Eibenholz notwendig, um Armbrüste herzustellen. Das wurde der Eibe fast zum Verhängnis. Auch wenn sie extra in der Nähe von Burgen gepflanzt wurde, um auf diese Weise genügend Nachschub für Waffen zu haben, wurde der Baum fast ausgerottet.

Hinzu kamen Bauern und Hirten, die Eiben nur allzu gerne umhackten, da sich ihr Vieh daran vergiftete.

Heute vergiftet sich kein Weidevieh mehr an Eiben. Auch bei Menschen gibt es nur wenige solcher Fälle. Wer kommt schon auf die Idee, Nadeln zu essen? Die sehr giftig aussehenden mattroten Beeren, die morphologisch betrachtet keine Beeren, sondern verdickte Fruchtstände sind, können hingegen sorgenfrei gegessen werden. Sie sind sehr süß und so schleimig, dass sie klare, lange Fäden ziehen. Die Kerne müssen jedoch ausgespuckt werden, sie enthalten, wie der Rest der Pflanze, die hochgiftigen Taxane. Die sind allerdings nicht nur für Mensch und Tier giftig, sondern auch für Tumorzellen, deren Zellteilungsmechanismen sie beeinträchtigen. Seit den 1990er Jahren sind Taxan-Präparate gegen verschiedene Krebsarten im Einsatz. Der dunkle Todesbaum wurde so zum Lebensbaum.

- Die Eibe ist nicht nur dunkelheitsresistent, sie verträgt auch gut Dürre, was daran liegt, dass sie die Stomata, die Poren der Nadeln, sehr gut schließen kann. Auch härtester Frost ist für die Eibe kein Problem.

- Eiben befruchten sich auf eine sehr ungewöhnliche Weise. An den weiblichen Blütenzapfen bildet sich ein »Bestäubungstropfen«. Der fängt die Pollen ein und zieht sie beim Vertrocknen in den Knospeneingang.

- Der keltische Stamm der Eburonen benannte sich nach der Eibe, Keltisch: Eburo. Der Baum hatte große kultische Bedeutung für den Stamm. Nach der Niederlage gegen Julius Cäsar vergiftete sich der Eburonen-König Catuvolcus mit Eibennadelsaft.

Hanf

Name: Cannabis sativa, Gewöhnlicher Hanf, Familie: Hanfgewächse.

Saison: Wächst Hanf im Freien, beginnt er im September zu blühen. Geerntet werden die Blüten meist im Oktober.

Hanf ist ein zähes Kraut. Die Pflanze kommt aus den Weiten Zentralasiens, aus der unwirtlichen Grenzregion zwischen China und Kasachstan. Im Winter ist es dort bitterkalt, im Sommer glühend heiß und trocken: keine idealen Bedingungen für Pflanzen. Und doch schafft es der wilde Hanf innerhalb weniger Monate auf eine Höhe von oft über zwei Metern. Diese Tatsache macht Hobbyzüchter, die Hanf zum Eigenkonsum auf dem Balkon oder im Garten anpflanzen, völlig fertig. Denn so robust die Pflanze von Natur aus zu sein scheint, so problematisch ist sie oft in Kultur. Die Sämlinge schießen ins Kraut, sie bekommen lange, dünne Stängel und kippen um. Mühselig müssen sie stabilisiert werden. Im Mai aber haben sie sich gefangen. Nun wird das gefingerte Laub dichter, die Stiele werden dick, holzig und haarig. Hanfanbauer reiben gern ihre Finger daran auf und ab: Sie riechen dann harzig grün nach frischem Marihuana.

Nach den kultivierten Süßgräsern, aus denen Getreidearten hervorgingen, ist der Hanf die wohl wichtigste Kulturpflanze. Die biegsamen Stängel der Pflanzen können relativ einfach zu langen Fasern und diese wiederum zu zugfesten Seilen verarbeitet werden. Diese waren nicht nur für die Viehzucht essentiell, sondern auch als Sehnen für Bögen. Vor allem aber das Errichten größerer und komplexerer Gebäude wäre ohne Seile aus Hanf völlig undenkbar gewesen. Nebenbei wurde die Pflanze wegen ihrer nahrhaften Samen geschätzt. Weitaus wichtiger aber waren ihre psychotropen Eigenschaften. Schon vor 5000 Jahren wusste man in China um die beruhigende und schmerzlindernde, aber auch um die berauschende Wirkung der weiblichen Hanfblüten. Nach Zentraleuropa gelangte der Cannabisrausch erst über die Kreuzzüge, wobei Hanf hier jedoch schnell zu einem der wichtigsten Arzneimittel avancierte. Ammen gaben Kleinkindern Hanfsud zum besseren Einschlafen, vor allem waren Hanfextrakte neben Opium aber das wichtigste Schmerzmittel.

Das blieb lange Zeit so. Um die vorletzte Jahrhundertwende waren Cannabisprodukte die am häufigsten verkauften Medikamente.

Dass einer der Wirkstoffe von Hanf, THC, auch stark berauschend wirkt, in höheren Dosen sogar halluzinogen, wurde in Kauf genommen. Und auch wenn Untersuchungen jüngst zu Tage brachten, dass sich in Pfeifen, die mutmaßlich Shakespeare gehörten, Hanfreste befanden, wurde der Cannabisrausch als eigenständiges psychisches Erlebnis erst spät thematisiert. Keiner tat das leidenschaftlicher als Charles Baudelaire, dem auch die düsteren Seiten des oft überrumpelnden Rausches vertraut waren, und der schrieb, nicht er rauche die Haschischpfeife, sondern diese rauche ihn.

Diese Eigenschaften waren es, die dem Hanf ab den 1930er Jahren zunächst den Garaus machten. In den USA hatten sich der Zeitungsmogul William Randolph Hearst und Harry J. Anslinger, der Chef des Federal Bureau of Narcotics, auf Cannabis eingeschossen. Hearst veröffentlichte in seinen Zeitungen Fake-News von vergewaltigenden Kiffern, Anslinger ließ die User der Droge gnadenlos verfolgen. Die Gründe dafür waren blanker Rassismus: Cannabis wurde fast ausschließlich von Schwarzen und Mexikanern geraucht – nun hatte man eine Handhabe gegen diese Bevölkerungsgruppen. Der »War on Drugs« wurde weltweit exportiert, mit der Folge, dass Hanf in den Industrienationen ab den 1950er Jahren so gut wie nicht mehr angebaut wurde.

Das änderte sich in den vergangenen Jahren massiv. Die weltweite Entkriminalisierung von Hanf verschafft der Pflanze einen Boom. Es gibt ökologisch nachhaltige Kleidung aus Hanf, mit Kunststoff verklebte Hanffasern kommen als Verkleidungen von Autos zum Einsatz. Wichtiger noch ist ein anderes Feld: In den USA beläuft sich das Geschäft mit dem Rauschmittel Hanf auf derzeit jährlich fünf Milliarden Euro. Der Hanf, der dafür gepflanzt wird, hat mit wild wachsenden Sorten und auch mit den Pflanzen, die Kiffer auf dem Balkon ziehen, nur noch wenig gemein. Er wächst in Gewächshäusern, oft in Aquakultur. Zum Blühen bringt man die Pflanzen durch manipulierte Beleuchtung. Hanf ist eine sogenannte

Kurztagspflanze, Blüten bilden sich in freier Natur oder auf dem Balkon erst, wenn die Tage merkbar kürzer werden. Beim Zuchthanf schwellen die Dolden oft so an, dass die Pflanze gestützt werden muss. In seinem klinischen Ambiente und mit seiner Potenz erscheint der moderne Hyperhanf unheimlich, wie ein botanischer Prothesengott. Dabei vergisst man aber, dass so gut wie alle Zuchtpflanzen mit ihren Urformen kaum mehr etwas zu tun haben. Menschen züchteten die mageren Süßgräser über etliche Jahrhunderte, bis der Getreideanbau nennenswerte Erträge abwarf. Beim Hanf jedoch dauerte es gerade einmal 40 Jahre, bis der THC-Gehalt von den natürlichen zwei bis acht Prozent zum vorläufigen Maximum getrieben wurde: In den neuesten kalifornischen Züchtungen beträgt er ganze 36 Prozent.

• Neben Cannabis sativa gibt es noch den Indischen Hanf, Cannabis indica. Seine Blattfinger sind breiter, auch hat sein Harz eine andere Wirkstoffzusammensetzung. Daneben gibt es noch Ruderalhanf, Cannabis ruderalis, der sehr viel kleiner ist und wild wächst. Er hat kaum psychoaktive Inhaltsstoffe, auch eignet er sich nicht zur Fasergewinnung. Bis heute ist botanisch umstritten, ob indica und ruderalis eigenständige Unterarten oder nur Varietäten von Cannabis sativa sind. Alle drei sind untereinander kreuzbar.

11

November

Thuja

Name: Thuja occidentalis, Thuja, Abendländischer Lebensbaum, Familie: Zypressengewächse.

Saison: Lebensbäume blühen im Mai, die kleinen holzigen Zapfen sind ab Oktober reif.

Hecken sind das botanische Sinnbild deutscher Angst. Sie sollen Privateigentum vor bösen Blicken schützen. Auf der anderen Seite können Passanten froh sein, von der Tristesse aus Carport, Baumarkt-Gartenhäuschen und robotergemähtem Rasen abgeschirmt zu sein. Haben Hecken also an sich schon einen zweifelhaften Ruf, wie viel schlimmer ist es mit solchen aus Thuja – der Pflanze, aus der lebendige, mannshohe Zäune geschnitten sind. Der Lebensbaum (so der andere Name der Thuja) ist ironischerweise auch auf Friedhöfen sehr beliebt, als Begrenzung zwischen den Grabfeldern. Das liegt daran, dass er sehr pflegeleicht ist. Vor allem aber sollte die Thuja ein Ersatz sein für die immergrüne Zypresse. Die ist ein offizielles Trauergewächs, sie symbolisiert Unsterblichkeit, auch hat ihre schmale, kerzenhafte Form etwas sehr Sakrales an sich. In Arnold Böcklins berühmtem Gemälde *Die Toteninsel* wachsen Zypressen auf dem düsteren Eiland. Zypressen aber gedeihen im kühlen Klima nördlich der Alpen nicht gut. Wächst die Thuja als Baum, ist ihre Gestalt zwar gedrungener als die der Zypresse, aber sie erinnert zumindest daran. Die Friedhofsaura kann die Thuja nie ablegen. Sie ist die botanische Verkörperung des freudlosen, nasskalten Spätherbstes mit seinem Epizentrum Allerheiligen.

Ein anderer Punkt kommt erschwerend hinzu: Die dichte Gestalt von Hecken, etwa solchen aus Liguster oder Eibe, dient vielen Tieren in der Stadt als wertvoller Lebensraum. Nicht so bei der Thuja. Vögel und Insekten fühlen sich kaum wohl in ihr, Thujenhecken sind ökologische Brachen. Vielleicht liegt es daran, dass die Pflanzen zu dicht geschnitten werden können? Vielleicht daran, dass alle Pflanzenteile stark reizend wirken? Vielleicht hat sich die heimische Fauna aber noch einfach nicht an den Lebensbaum gewöhnt. Denn auch wenn der den Beinamen »abendländisch« trägt, stammt er doch aus der Neuen Welt – »abendländisch« bezog sich schlicht

darauf, dass er aus einer »sehr westlich« gelegenen Region stammt, nämlich aus dem Nordosten Amerikas. In Europa eingeführt wurde die Thuja schon im 16. Jahrhundert, verbreitet wurde sie jedoch erst in den letzten 100 Jahren, epidemisch im Zuge der Zersiedelung der Stadtränder ab den 1960er Jahren.

Ökologisch nicht wertvoll, todernst wie ein Friedhof, Grundstücksgrenzen befestigend: Die Thuja hat keinen leichten Stand. Besten- und meistenfalls wird sie schlicht übersehen. Und doch kann man an ihr interessante Aspekte entdecken. Zum Beispiel ihre botanische Zugehörigkeit. Gemeinhin denkt man, Bäume seien unterteilt in solche mit Blättern und solche mit Nadeln. Betrachtet man den Lebensbaum, kommt man ins Zweifeln. Sein Grün besteht aus schuppenartigen Gebilden, die wie winzige Bausteine ineinandergesteckt sind. Daraus ergeben sich fächerartige Strukturen, die unter der Lupe wie urzeitliche Riesenpflanzen wirken. Je genauer man den Allerweltsbusch Thuja betrachtet, umso fremdartiger wird er. Dasselbe gilt für seinen Geruch. Auf der einen Seite ist er sehr vertraut. Lebensbäume gehören zu den Pflanzen mit dem stärksten Eigengeruch; nicht die unscheinbaren Blüten riechen, sondern die Zweige. Im bunten Frühling und Sommer wird der Duft leicht überdeckt durch andere Eindrücke, nun, im düsteren Spätherbst, gehört der Geruch der Thuja zu den wenigen floralen Sensationen. Darin mischen sich scharfe Nadelholznoten, die sehr gut zur Jahreszeit passen und an Sauna denken lassen, und ein stechend süßer Duft, der entfernt an Gewürznelken erinnert. Der stammt von sogenannten Thujonen, das sind Terpen-Verbindungen, für die der Lebensbaum Namenspate war. Thujone sind Nervengifte, in geringer Dosierung wirken sie jedoch euphorisierend und aphrodisierend. Thujone sind es auch, die im Wermut enthalten sind und dem Absinth seine legendäre Wirkung verleihen. Eine mit Thuja aromatisierte Spirituose gibt es bislang noch nicht. Sie könnte das Image der Pflanze erheblich verbessern.

Wie Buchs eignet sich auch die Thuja zum Formschnitt.

- Die Thuja gehört zur botanischen Ordnung der Koniferen. Die ebenfalls übliche Bezeichnung Nadelhölzer ist etwas irreführend, da nicht alle Koniferen spitze Nadeln haben. Die Thuja ist verwandt mit dem Mammutbaum, der zum Teil ähnliche Blattstrukturen aufweist.
- Lebensbaum-Extrakte sind in der Alternativmedizin sehr beliebt, etwa in Anwendung gegen Warzen. Aufgrund der Giftigkeit der Thuja ist ihr Einsatz jedoch sehr umstritten.

Schneebeere

Name: Symphoricarpos albus, Gewöhnliche Schneebeere, Familie: Geißblattgewächse.

Saison: Die Schneebeeren sind ab Oktober an den Büschen und hängen den ganzen Winter über.

Im Dunkel der Vorzeit mussten Menschen lernen, dass Erdbeeren süß sind, dass Tollkirschen zwar auch süß sind, aber einen starken und unangenehmen Rausch verursachen, und dass allein zwei der rotglasigen Früchte des Seidelbastes tödlich wirken können. Kindern muss man beibringen, welche Pflanzen giftig, welche ungenießbar und welche essbar sind, wobei den Eltern zwei Dinge zugutekommen: Zum einen die Abstraktionsgabe der Kinder – wenn sie einmal das Blatt eines Busches probiert haben, lassen sie in der Regel die Finger von Blättern anderer Büsche. Zum anderen ihr Instinkt. Kein Kind käme auf die Idee, sich Schneebeeren in den Mund zu stecken, die im entlaubten und grauen Spätherbst zu den auffälligsten Ereignissen zählen. Vielleicht kondensiert sich in dieser tiefen, quasinatürlichen Einsicht das in mühsamem »Trial and Error« erworbene botanische Wissen des Homo sapiens. Dann würde sich darin doch so etwas wie die umstrittene »Biogenetische Grundregel« offenbaren, der zufolge die Ontogenese, also die Entwicklung des Individuums, die Phylogenese nachzeichne, also die Entwicklung der Art. Vermutlich aber ist es viel einfacher: Die Schneebeeren sehen nämlich wie nichts aus, was sonst bei uns wächst. Die klare, weiße Färbung stammt von luftgefüllten Interzellularen, den Zellzwischenräumen. Die reflektieren das auf sie fallende Licht vollständig.

Besser bekannt ist die Schneebeere unter dem Namen Knallerbse. Dabei ist es gar nicht so einfach, sie zum Knallen zu bringen. Man muss sie entweder mit großer Kraft auf den Boden schleudern oder mit dem Fuß möglichst flach darauf treten. Aber schon eine Profilsohle verhindert den erhofften Effekt. Meist knallen die Knallerbsen also nicht, sondern werden nur lautlos zu einem Brei zerquetscht. Dessen unappetitliches Aussehen – trockenes, schwammiges Fruchtgewebe, aus dem eine lymphige Flüssigkeit tritt – tut das Seinige, um vom Verzehr abzuraten. Der wäre übrigens gar nicht allzu dramatisch. Man kann schadlos mehrere Schneebeeren essen, irgendwann stellen sich allerdings Rötungen der Mundschleimhaut und Bauchschmerzen ein.

- Die Blüten der Schneebeeren stehen ab Juni an den Büschen. Sie sind klein und rosarot und werden fleißig von Bienen besucht. Gelegentlich sieht man auch gemischte Stände aus frühen Früchten und späten Blüten.
- Die Schneebeere stammt aus den Auwäldern Nordamerikas. Sie ist ein Neophyt in Mitteleuropa, das heißt, sie vermehrt sich hier von alleine.

Buche

Name: Fagus sylvatica, Rotbuche, Familie: Buchengewächse.

Saison: Die Bucheckern, die Früchte der Buche, sind ab Ende Oktober reif.

Als deutschester aller Bäume gilt gemeinhin die Eiche. Eichenlaub schmückt deutsche Soldaten, es war auf Deutsche-Mark-Noten abgebildet, und auch die allegorische Wuchtbrumme Germania war damit bekränzt. Wirtshäuser mit »gutbürgerlicher Küche« heißen »Deutsche Eiche« - aber auch Deutschlands größte Schwulensauna in München. Die extrem langsam wachsende Eiche mit ihrer tiefen Pfahlwurzel steht für alles, was Deutschland gerne hätte: Härte, Kraft und Beständigkeit. Aber so deutsch ist die Eiche gar nicht, in Frankreich zum Beispiel gibt es viel mehr davon. Wenn es einen deutschen Baum gibt, dann ist es die Buche. Die düsteren Wälder Germaniens, die den Römern so ein Graus waren, bestanden zum Großteil aus Buchen - und noch heute ist die Rotbuche mit 15 Prozent der mit Abstand häufigste Laubbaum in deutschen Wäldern. Nirgendwo fühlt sich die Buche wohler als im moderaten Klima Zentraleuropas, Deutschland ist ihr Verbreitungsschwerpunkt. Waldgänger lieben die Buche. Ihre glatten, grauen Stämme verzweigen sich oft erst in 15 oder 20 Metern Höhe, was sie wie mächtige Steinpfeiler wirken lässt. Dazu passt, dass unter den dichten Kronen der Buchen kaum Sträucher wachsen - Buchenwald wirkt wie eine riesige Kathedrale. Im April, wenn das Laub noch dünn und hellgrün ist und Lichtflecken auf dem Boden tanzen, ist der Buchenwald herrlich. Noch erhabener jedoch ist er nun, im späten Herbst, wenn das Laub sich langsam goldgelb färbt.

Aber obwohl er so ursprünglich wirkt, ist Buchenwald doch ein komplettes Kulturprodukt. Nach der letzten Eiszeit vor mehr als 10000 Jahren war die Rotbuche in Europa verdrängt, sie überlebte im Mittelmeergebiet und im pontisch-kaspischen Raum. Von dort aus trat sie ihre Rückeroberung des Kontinents an - und zwar zeitgleich mit der Verbreitung des Ackerbaus. Es gilt als sehr wahrscheinlich, dass die Buche indirekt von den frühen Bauern gepflanzt wurde. Die hielten sehr viele halbwilde Schweine, für die wiederum Bucheckern, die Früchte der Buche, die beste Mast sind. Auf diese Weise entstand

eine enge Symbiose aus Buche, Schwein und Mensch. Zu seiner Verbreitung beigetragen hat auch, dass Buchenwald für die frühen Europäer ein sehr angenehmes Terrain war. Da es kaum Gestrüpp unter den Bäumen gibt, kann man sich in ihm einfach bewegen, sogar Reiten und Siedlungsbau sind kein Problem. Buchenhumus ist sehr reichhaltig, Rodungen ergaben hochwertige Ackerflächen. Um etwa 1000 v. Chr. erreichte die Rotbuche ihre größte Verbreitung in Europa, botanisch spricht man von der »Buchenzeit«.

Buchenholz ist hart, lässt sich aber leicht bearbeiten. Die Germanen schnitzten aus Buchenholz dünne Blättchen, um Runen darauf zu schreiben. Bis heute ist umstritten, ob das Wort »Buchstabe« darin seinen Ursprung hat. Als Bauholz eignet sich die Buche aber kaum, das Holz ist nicht witterungsbeständig und spröde. Dafür brennt Buchenholz hervorragend. Das machte den Baum im Mittelalter und in der Frühen Neuzeit sehr wichtig. Für die Glasherstellung brauchte man zum einen immense Mengen an Feuerholz, zum anderen sehr viel Pottasche, die man aus Buchenholzasche gewinnen konnte. Auch wurde die beginnende Industrialisierung hauptsächlich von Buchenholz befeuert. Das wurde der Buche zum Verhängnis. Ab dem Ende des 17. Jahrhunderts waren weite Teile Europas nahezu kahl, und die viel schneller wachsende Fichte wurde in den folgenden Jahrhunderten gezielt aufgeforstet, sie prägt bis heute das Bild der deutschen Wälder.

Paradoxerweise war das auch einer der Gründe dafür, dass in den umweltbewegten 1980er Jahren Buchenholzmöbel so beliebt waren. Rustikale Buchenregale durften in keinem Bioladen fehlen, Holzspielzeug aus unlackiertem Buchenholz waren die Objekte der Stunde. Man hasste den kranken, industriellen Nadelholzwald und liebte die angeblich naturnahen Buchenwälder – und die Möbel, die aus ihrem rötlichen Holz gemacht wurden. Heute wirken diese oft etwas klobig, Buchenholz ist nicht mehr schick. In manchen Jahren gibt es deshalb mehr davon, als in der Möbelindustrie verwendet werden kann. Da aber der Bedarf an Brennholz stetig wächst, wird heute, wie im Mittelalter, viel Buchenholz verbrannt. Man hat ein schlechtes Gefühl dabei: das Holz eines Baumes, der mindestens 150 Jahre wuchs, einfach so zu verfeuern.

Das kann man jedoch mit gutem Gewissen machen, die Buchenbestände sind in Deutschland stabil, im Augenblick zumindest. Aber wahrscheinlich nicht auf Dauer. Denn so mächtig die Buchen wirken, so empfindlich sind sie auch. Der Klimawandel wird ihnen zusetzen. Buchen vertragen lange Trockenperioden nicht gut, dafür reichen ihre Wurzeln nicht tief genug. Aber auch Starkregen - neben der Dürre die zweite Ausprägung des sich wandelnden Klimas in Mitteleuropa - mögen Buchen nicht gern. Das Biotop Wald ist hochkomplex, bisher gibt es keine Möglichkeiten, langfristige Änderungen sicher vorherzusagen. Es könnte jedoch sein, dass die Buche ihren Zenit in Europa überschritten hat, nach nur etwa zehn aufeinanderfolgenden Generationen.

• Eine Varietät der Rotbuche ist die Blutbuche mit ihren purpurfarbenen Blättern. Aufgrund einer Mutation fehlt der Pflanze ein Enzym, das in gewöhnlichen Buchenblättern Anthocyan-Farbstoffe abbaut. Blutbuchen wurden zum ersten Mal im späten Mittelalter beschrieben und ab dem 18. Jahrhundert gezüchtet.

12

Dezember

Tanne

Name: Abies alba, Weiß-Tanne, Familie: Kieferngewächse.

Saison: Weihnachtsbäume werden ab Anfang Dezember angeboten. Die Samen der Weiß-Tanne sind im September reif.

Die Tanne führt ein seltsames Doppelleben. Auf der einen Seite ist sie allgegenwärtig. Nicht nur im Dezember, als viel besungener »Tannenbaum«. Deutet man auf eine Fichte und fragt ein Kind, wie diese heiße, lautet die Antwort stets: »Tanne«. Die Zapfen, die man im Wald findet, sind selbstverständlich »Tannenzapfen«, auch wenn sie von Fichten stammen, Tannen werfen ihre Zapfen nicht ab, sie zerfallen bei Reife am Baum. Wie verbreitet diese Synekdoche – Nadelbaum ist gleich Tanne – ist, sieht man auch daran, dass im Niederdeutschen alle Nadelbäume, also vor allem die heimischen Kiefern, Dannen oder Dennen heißen.

Dieser begrifflichen Omnipräsenz widerspricht die tatsächliche Verbreitung der Tanne. Lediglich zwei Prozent der in deutschen Wäldern wachsenden Bäume sind Tannen. Das war einmal anders. In den Alpen, in den Mittelgebirgen wie dem Bayrischen Wald und vor allem im Schwarzwald waren die heimischen Weiß-Tannen bis ins 19. Jahrhundert mit die häufigste Nadelbaumart überhaupt. Der Schwarzwald hat auch seinen Namen von ihnen. Sie sind mit der Eibe die dunkelsten aller Bäume. In der Dämmerung oder wenn sie nass geregnet sind, wirken Tannen völlig schwarz. Eine düstere Erhabenheit geht von diesen Bäumen aus. Nie wurde das Wesen des Tannenwaldes besser beschrieben als in dem Märchen *Das kalte Herz* des Romantikers Wilhelm Hauff (1827). Darin geht es um den Köhler-Jungen Peter Munk, der im Schwarzwald ein recht ärmliches Dasein führt. Der Wald, mit seinen schwarzen, mächtigen Tannen, erscheint hier noch als das, was er einmal war: eine unheimliche Wildnis. »Peter Munk wurde es ganz schaurig dort zumute; denn er hörte keine Stimme, keinen Tritt als den seinigen, keine Axt; selbst die Vögel schienen diese dichte Tannennacht zu vermeiden.« In dieser bedrohlichen Ödnis trifft Peter auf einen bösen Waldgeist, den Holländermichel, dem er sein Herz verkauft.

Der Name Holländermichel verweist auf eine reale Bedrohung – allerdings für den schwarzen Tannenwald selbst. »Holländer«, so wurden die besonders langen, geraden und dicken Tannenstämme aus dem Schwarzwald bezeichnet. Sie wurden über Neckar und Rhein bis nach Holland geflößt. Aus ihnen fertigte man Schiffsmasten, vor allem aber Pfähle für die Befestigung von Küstenstädten. Tannen liefern begehrtes, sehr leichtes Bauholz, das – im Gegensatz zur Fichte – auch in Nässe stabil bleibt. Halb Amsterdam steht auf Stämmen aus dem Schwarzwald. Schon um die Mitte des 19. Jahrhunderts gerieten dessen Forstbestände vielerorts aus dem Gleichgewicht, Kahlschläge wurden mit der viel schneller wachsenden Fichte aufgeforstet. Die Tanne verschwand. Später ging es ihr noch schlechter. Wie kein zweiter Baum ist sie empfindlich gegenüber Luftverschmutzung. Vor allem Schwefeldioxid, das im Zuge der Industrialisierung massenhaft freigesetzt wurde, ist Gift für die Tanne. Sie bildet dann ein sogenanntes Storchennest aus, eine krankhafte Verdichtung der Krone. In den 1970er und -80er Jahren waren so gut wie alle Tannen in Deutschland krank. Das gefürchtete »Waldsterben« war auch ein Tannensterben.

Parallel zum Verschwinden der Tannen aus den Wäldern vollzog sich ihr Einzug ins Wohnzimmer. Da die Wurzeln dieses Brauchs liturgisch nicht fundiert sind, finden sich nur wenige Quellen dazu. Vermutlich handelt es sich um einen typisch überdeterminierten Ritus, bei dem es gleichermaßen um die heidnische Beschwörung des Neuanfangs wie um die christliche Idee der Erlösung durch den Heiland geht. Vor allem in protestantischen Regionen setzte sich der Brauch ab dem 17. Jahrhundert durch. Um 1900 sind Christbäume überall in Deutschland verbreitet, von hier aus wird der Brauch nach Großbritannien und Übersee exportiert. Allerdings konnten sich bis zum Wirtschaftswunder nur großbürgerliche Haushalte eine ganze Tanne leisten, für die weniger Begüterten mussten Tannenzweige genügen.

Heute werden nicht nur Tannen als Weihnachtsbäume verkauft. Auch die ursprünglich aus den Rocky Mountains stammenden

Blaufichten sind verbreitet, wenn auch deutlich weniger beliebt. »Blaufichte« ist auch nur ihr Marketingname, botanisch korrekt spricht man von der »Stech-Fichte«. Tannen – als Christbäume verkauft werden Nordmanntannen, die im Kaukasus beheimatet sind – haben sehr weiche Nadeln und einen sehr edlen, frischgrünen und nicht sonderlich harzigen Duft. Ökologisch betrachtet ist einem nicht wohl dabei: Zehn Jahre wachsen die Bäume, damit sie dann für wenige Tage die Vitalität des Waldes in überheizte Wohnzimmer tragen. Aber verglichen mit anderen Monokulturen sind diejenigen der Weihnachtsbaumzucht kein großes Problem. Und auch die nicht verkauften oder alten Bäume können nachhaltig entsorgt werden, etwa als Tierfutter: Elefanten lieben Tannen.

• Die Tanne ist wieder auf dem Vormarsch. Seit flächendeckend Anlagen zur Rauchgasentschwefelung eingeführt wurden, wächst sie relativ unbeeinträchtigt. Da sie tief wurzelt, trotzt sie im Gegensatz zur Fichte auch den beiden größten forstwirtschaftlichen Problemen, die der Klimawandel mit sich bringt: Dürre und Sturm.

Stechpalme

Name: Ilex aquifolium, Gewöhnliche Stechpalme, Familie: Stechpalmengewächse.

Saison: Stechpalmenzweige werden im Dezember als Schmuck verwendet. Die Früchte sind ab Oktober reif und stehen den ganzen Winter am Strauch.

Die Stechpalme ist eine britische Pflanze. Heimisch ist Ilex aquifolium zwar in ganz Westeuropa, vor allem in der Nähe des Atlantiks ist sie sehr verbreitet. Aber auf den Britischen Inseln entwickelte sich ihre symbolische Bedeutung. Noch vor dem Weihnachtsbaum ist die Stechpalme heute weltweit, vor allem aber in den englischsprachigen Ländern, die bestimmende Pflanze der »festive season«, der Weihnachtszeit. Schon bevor die Römer nach Britannien kamen, hängten sich die Kelten im Winter Stechpalmenzweige in ihre Hütten. Mit diesem Ritus wollte man in der dunklen Jahreszeit mit den immergrünen Blättern den Neuanfang des Lebens beschwören. Weitere Bedeutungen gesellten sich hinzu. Lange Zeit waren die Blätter der Stechpalme aber auch ein überlebensnotwendiges Winterfutter für Weidetiere. Dafür in Frage kamen nur die oberhalb der Bisshöhe von Rehen befindlichen Blätter der Stechpalme, die dort wenige bis gar keine Stacheln entwickelt. Für eine andere Funktion aber waren gerade die Stacheln entscheidend. Unter günstigen Bedingungen kann die Stechpalme auch als Baum wachsen, meist jedoch ist sie ein Busch. Die stachelbewehrten Blätter lassen ihn zu einer hermetischen Festung werden. Junge Tiere verbergen sich hier oft, auch gibt es Legenden, dass Menschen in Notzeiten sich oder ihr Hab und Gut in Stechpalmendickichten vor Gefahr hüteten. All das amalgamierte sich zu einer Symbolik, die der Stechpalme Lebendigkeit und Wert zuschrieb. Vom Christentum kam noch eine weitere Bedeutung hinzu: Die Stacheln verweisen auf die Dornenkrone Christi, die blutroten Beeren auf seine Passion. Das alles pfropfte man auf den heidnischen Winterbrauch auf, und heraus kam ein sehr verzweigtes Weihnachtssymbol.

Dessen Erfolg liegt auch daran, dass die Stechpalme eine ausnehmend schöne Pflanze ist. Ihre ikonische Allgegenwart in der Vorweihnachtszeit versperrt den Blick darauf, dass es sich bei ihr um ein Musterbeispiel heimischer Exotik handelt. Immergrüne Laubpflanzen bilden in Mitteleuropa sowieso eine Ausnahme; die tannengrünen Blätter der Stechpalme sind mit ihrer glänzenden, ledrigen Oberfläche so etwas wie ein Blattkonzentrat, in jedem einzelnen steckt die Kraft vieler Blätter. Die exquisite Aura der Stechpalme aber rührt vor allem von ihren Stacheln her, die so fein sind, wie man sie sonst nur von Kakteen kennt. Ihre Funktion ist die Abwehr, doch der schmückende Aspekt überwiegt bei weitem: Das Blatt erweckt den Anschein einer gespreizten Aristokratenhand mit spitzen Fingernägeln und Schwimmhäuten.

- Das Holz der Stechpalme ist sehr hart. Es wurde traditionell für Drechselei und für Werkzeug verwendet. Auch sind die Pfeifen hochwertiger Dudelsäcke daraus gearbeitet.
- Auch die Blüten der Stechpalme (im Mai) bestechen ästhetisch. Sie sind weiß und haben ein rotes Mal.

Duftender Schneeball

Name: Viburnum × bodnantense, Duftschneeball, auch Winter- oder Bodnant-Schneeball, eng verwandt und ebenfalls im Winter blühend ist die Art Viburnum farreri.

Familie: Moschuskrautgewächse.

Saison: Der Duftschneeball blüht von Ende September bis in den April.

Nie wurde das Verhältnis des Menschen zur Pflanzenwelt präziser und schöner ausgedrückt als in diesen Zeilen der Schriftstellerin Gabriele Tergit:

»[G]anz nahe ist das menschliche Leben dem Gartenjahre verwandt. Im Februar wird der Mensch geboren, im März verbringt er das erste Jahrzehnt seines Lebens bis zum vierzehnten Jahre, in dem er in den April tritt als ein blühendes Wesen, das dann im Mai Hochzeit feiert. Der Juni ist sein drittes Jahrzehnt, und vierzig ist er im Juli. Dann kommen der August und der September, die Ernte des Lebens, das Sammeln für Küche und Keller, und noch einmal das Bunte, das Abschiednehmen in Weisheit. Oktober, das sind die Sechzigerjahre. Dann kommen der November und der Dezember, Siebzig und Achtzig, das leise Vertrocknen an Körper und Geist, bis Stille einzieht. Und der Mensch und die Natur im Januar enden im weißen Totenhemd.«

Der Duft- oder Winterschneeball scheint sich dieser Logik zu entziehen. Der Zierstrauch wurde in den 1930er Jahren in Großbritannien aus fernöstlichen Schneeball-Arten gezüchtet. Schnell kam er als Gartenpflanze in Mode, denn er macht etwas sehr Ungewöhnliches: Mitte November, Anfang Dezember, wenn die letzten braunen Blätter von den Bäumen gefallen sind, beginnt der Duftschneeball zu blühen. Es sind kleine, rosarote Blüten, die büschelweise an dem kahlen Strauch stehen und weithin in der grauen Öde strahlen. Noch auffälliger aber ist ihr Duft. Der ist süß und pudrig, wie ein Parfüm, das jahrzehntelang im Kosmetikschränkchen einer alten Dame stand. Darüber liegt eine andere Note, die sehr gut zur Vorweihnachtszeit passt: Marzipan. Dafür verantwortlich ist die Substanz Benzaldehyd, auch Mandelaldehyd genannt. In Kombination riechen beide

Düfte wie eine Süßigkeit, die von heutigen Kindern verschmäht werden würde.

Natürlich stellt sich die Frage, wieso der Duftschneeball im Dezember blüht. Alle bestäubenden Insekten sind entweder gestorben, oder sie überwintern in gut geschützten Verstecken. Die Antwort ist, dass der Duftende Schneeball durch Züchtung eine enorm lange Blühphase erreicht hat. Die einzelnen Blüten stehen – auch aufgrund der konservierenden Kälte – oft Wochen am Strauch. Den ganzen Winter über geht das so. Dann, im März, beginnt die Pflanze noch stärker zu blühen, nur fällt dies nicht weiter auf, da nun auch alle anderen Pflanzen um sie herum zum Leben erwachen. Was uns im Frühwinter, wenn die tote Jahreszeit noch bevorsteht, im Duftenden Schneeball begegnet, ist nichts anderes als der Frühling.

Das botanische Jahr ist ein Zyklus. Vielleicht liegt in dieser fundamentalen Differenz die tiefe Beziehung des Menschen zur Pflanzenwelt. »Mensch und Natur enden im weißen Totenhemd«, schreibt Gabriele Tergit. Aber die Natur endet nicht, sie schläft nur, und der Duftende Schneeball ist ein bisschen vor der Zeit erwacht. Die Pflanze erinnert im tiefsten Winter daran, dass es für die Natur immer einen Neuanfang gibt. Für den Menschen gibt es den nicht. Die altmodische Süße des Schneeballs erscheint dadurch nur umso lieblicher.

- Der andere Name der Pflanze, Bodnant-Schneeball, bezieht sich auf die walisische Stadt, in der der Strauch gezüchtet wurde.
- Die Gattung der Schneebälle umfasst etwa hundert Arten, die vornehmlich in den gemäßigten Zonen der Nordhalbkugel beheimatet sind. Schwerpunkte der Verbreitung sind Ostasien und Nordamerika. In Europa heimisch ist etwa der Gewöhnliche Schneeball, der ein beliebtes Ziergewächs ist. Er blüht im Mai. Die glasigen Früchte stehen oft bis zum Winter am Strauch. Sie sind sehr bitter und sauer, können aber zu Speisen und Getränken verarbeitet werden.

PFLANZEN

PERSONEN

DANK

Dieses Buch ist all jenen gewidmet, die wissen, dass sie gemeint sind.

Dank geht an:
Gerdi Bachmann, Dr. Vera Bachmann, Anna Boldt, Prof. Dr. Stefan Dötterl, Sabine Erbrich, Dr. Jan Füchtjohann, Lars Gaede, Heinrich Geiselberger, Dr. Paula Groethuysen, Gruppe Cool, Jakob, Heiner und Anton Hanske, Inge Hanske, Werner Hanske, Moritz von Herzogenberg, Immanuel Hick, Yun Hider, Nora Khereddine, Alard von Kittlitz, Heike Kottmann, Dr. Marianne Lauerer, Lina Muzur, Nansen & Piccard, Christodoulos Panayiotou, Tim Peschel, Daniel Pietsch, Wolfgang Ritschel, Benedikt Sarreiter, Jakob Schrenk, Herman de Vries, Anne Waak, Philip Wiegard, Ulrike Zieher.

ZITATE

Christian Grunert
Aus: Pflanzenportraits. S. 26. Claasen & Goverts, Hamburg 1948.

Robert Musil
Aus: Der Mann ohne Eigenschaften. 2. Band. S. 1240.
Rowohlt Verlag, Reinbek bei Hamburg 2000.

Marcel Proust
Aus: Auf der Suche nach der verlorenen Zeit. Werke.
Frankfurter Ausgabe. 3 Bände in Kassette.
1. Band: Unterwegs zu Swann. S.67.
© für diese deutschsprachige Ausgabe Suhrkamp Verlag
Frankfurt am Main 1994.

Gabriele Tergit
Aus: Kleine Geschichte der Blumen. Kaiserkron und Päonien rot.
S. 12.
© 1981 Ullstein Buchverlage GmbH, Berlin.

Robert Walser
Aus: Sämtliche Werke in Einzelausgaben. Band 16: Träumen.
S. 393.
© dieser Ausgabe Suhrkamp Verlag Zürich 1978 und 1985.